经管类专业虚拟仿真实验系列教材

大数据分析与应用
基于IBM客户预测性智能平台

DASHUJU FENXI YU YINGYONG
JIYU IBM KEHU YUCEXING ZHINENG PINGTAI

蹇洁 主编

参编人员
廖显 余海燕 陈思祁 武建军
余若雪 杨梦丽 张英培 牛舒 张燕双

Southwestern University of Finance & Economics Press
西南财经大学出版社

图书在版编目(CIP)数据

大数据分析与应用:基于 IBM 客户预测性智能平台/蹇洁主编. —成都:西南财经大学出版社,2017.8

ISBN 978-7-5504-3082-2

Ⅰ.①大… Ⅱ.①蹇… Ⅲ.①数据处理 Ⅳ.①TP274

中国版本图书馆 CIP 数据核字(2017)第 141010 号

大数据分析与应用:基于 IBM 客户预测性智能平台

蹇洁 主编

责任编辑:高小田
封面设计:穆志坚
责任印制:封俊川

出版发行	西南财经大学出版社(四川省成都市光华村街 55 号)
网　　址	http://www.bookcj.com
电子邮件	bookcj@foxmail.com
邮政编码	610074
电　　话	028-87353785　87352368
照　　排	四川胜翔数码印务设计有限公司
印　　刷	郫县犀浦印刷厂
成品尺寸	185mm×260mm
印　　张	15
字　　数	305 千字
版　　次	2017 年 8 月第 1 版
印　　次	2017 年 8 月第 1 次印刷
印　　数	1—1500 册
书　　号	ISBN 978-7-5504-3082-2
定　　价	29.80 元

1. 版权所有,翻印必究。
2. 如有印刷、装订等差错,可向本社营销部调换。
3. 本书封底无本社数码防伪标识,不得销售。

经管类专业虚拟仿真实验系列教材
编 委 会

主　任：林金朝

副主任：万晓榆　卢安文　张　鹏　胡学刚　刘　进

委　员（以姓氏笔画为序）：

　　　　　龙　伟　付德强　吕小宇　任志霞　刘雪艳

　　　　　刘丽玲　杜茂康　李　艳　何建洪　何郑涛

　　　　　张　洪　陈奇志　陈家佳　武建军　罗文龙

　　　　　周玉敏　周　青　胡大权　胡　晓　姜　林

　　　　　袁　野　黄蜀江　樊自甫　蹇　洁

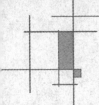

总 序

实践教学是高校实现人才培养目标的重要环节,对形成学生的专业素养、养成学生的创新习惯、提高学生的综合素质具有不可替代的重要作用。加强和改进实践教学环节是促进高等教育教学方式改革的内在要求,是培养适应社会经济发展需要的创新创业人才的重要举措,是提高本科教育教学质量的突破口。

信息通信技术(ICT)的融合和发展推动了知识社会以科学2.0、技术2.0和管理2.0三者相互作用为创新引擎的创新新业态(创新2.0)的形成。创新2.0以个性创新、开放创新、大众创新、协同创新为特征,不断深刻地影响和改变着社会形态以及人们的生活方式、学习模式、工作方法和组织形式。随着国家创新驱动发展战略的深入实施,高等学校的人才培养模式必须与之相适应,应主动将"创新创业教育"融入人才培养的全过程,应主动面向"互联网+",不断丰富专业建设内涵、优化专业培养方案。

"双创教育"为经济管理类专业建设带来了新的机遇与挑战。一方面,经济管理类专业建设应使本专业培养的人才掌握系统的专门知识,具有良好的创新创业素质,具备较强的实际应用能力。另一方面,经济管理类专业建设还应主动服务于以"创新创业教育"为主要内容的相关专业的建设和发展。我们要更好地做好包括师资建设、课程建设、资源建设、实验条件建设等内容的教学体系建设,教学内容、资源、方式、手段的信息化为经济管理类专业建设提供了有力的支撑。《国家中长期教育改革和发展规划纲要(2010—2020年)》提出:"信息技术对教育发展具有革命性的影响,必须予以高度重视。"《教育信息化十年发展规划(2011—2020)》提出,推动信息技术和高等教育深度融合,建设优质数字化资源和共享环境,在2011—2020年建设1 500套虚拟仿真实训实验系统。经济管理类专业的应用性和实践性很强,其实践教学具有系统性、综合性、开放性、情景性、体验性、自主性、创新性等特征,实践教学平台、资源、方式的信息化和虚拟化有利于促进实践教学模式改革,有利于提升实践教学在专业教育中的效能。但是,与理工类专业相比,经济管理类专业实践教学体系的信息化和虚拟化起步较晚,全国高校已建的300个国家级虚拟仿真实验教学中心主要集中在理工一类专业。因此,为了实现传统的验证式、演示式实践教学向体验式、互动式的实践教学转变,将虚拟仿真技术运用于经济管理类专业的实践教学显得十分必要。

重庆邮电大学经济管理类专业实验中心在长期的实践教学过程中,依托学校的信息通信技术学科优势,不断提高信息化水平,积极探索经济管理类专业实践教学的建设与改革,形成了"两维度、三层次"的实践教学体系。在通识经济管理类人才培养的基础上,将信息技术与经济管理知识两个维度有效融合,按照管理基础能力、行业应用能力、综合创新能力三个层次，主要面向信息通信行业，培养具有较强信息技术能力的经济管理类高级人才。该中心2011年被评为"重庆市高等学校实验教学示范中心"，2012年建成了重庆市高校第一个云教学实验平台——"商务智能与信息服务实验室"。2013年以来，该中心积极配合学校按照教育部及重庆市建设国家级虚拟仿真实验教学中心的相关规划，加强虚拟仿真环境建设，自主开发了"电信运营商组织营销决策系统""电信BOSS经营分析系统""企业信息分析与业务外包系统"三套大型虚拟仿真系统，同时购置了"企业经营管理综合仿真系统""商务智能系统"以及财会、金融、物流、人力资源、网络营销等专业的模拟仿真教学软件，搭建了功能完善的经济管理类专业虚拟化实践教学平台。

为了更好地发挥我校已建成的经济管理类专业虚拟实践教学平台在"创新创业教育"改革中的作用，在实践教学环节让学生在全仿真的企业环境中感受企业的生产运营过程，缩小课堂教学与实际应用的差距，需要一套系统、规范的实验教材与之配套。因此，我们组织长期工作在教学一线、具有丰富实践教学经验和企业从业经历的教学和管理团队精心编写了系列化实验教材，并在此基础上进一步开发虚拟化仿真实践教学资源，以期形成完整的基于教育教学信息化的经济管理类专业的实践教学体系，使该体系在全面提升经济管理类专业学生的信息处理能力、决策支持能力和协同创新能力方面发挥更大的作用，同时更好地支持学校正实施的"以知识、能力、素质三位一体为人才培养目标，以创新创业教育改革为抓手，以全面教育教学信息化为支撑"的本科教学模式改革。各位参编人员广泛调研、认真研讨、严谨治学、勤勤恳恳，为该系列实验教材的出版付出了辛勤的努力，西南财经大学出版社为本系列实验教材的出版给予了鼎力支持，本系列实验教材的编写和出版获得了重庆市高校教学改革重点项目"面向信息行业的创新创业模拟实验区建设研究与实践（编号132004）"的资助，在此一并致谢！但是，由于本系列实验教材的编写和出版是对虚拟化经济管理类专业实践教学模式的探索，经济管理类专业的实践教学内涵本身还在不断地丰富和发展，加之出版时间仓促，编写团队的认知和水平有限，本系列实验教材难免存在一些不足，恳请同行和读者批评指正！

林金朝

2016年8月

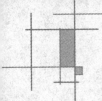

前　言

《大数据分析与应用——基于 IBM 客户预测性智能平台》是 IBM Predict Customer Intelligence 数据分析软件的指导教程，用于大数据分析与应用、数据挖掘等与数据分析相关的综合性课程。该指导书注重理论与实践相结合，把上机实验作为课程实践的重要环节，是教学过程中不可或缺的部分。实验课程与理论课程不同，要充分体现"以学生为中心"的模式，应以学生为主体，充分调动学生的积极性和能动性，重视学生自学能力与动手能力的培养。本书是数据分析相关课程的配套实验教材，编写这本书的目的是满足高校工商管理、电子商务、物流工程、信息管理与信息系统等专业学生学习之用。本书结合大数据的理论与实践，突出数据分析的应用分析，在实验中适当安排了具备认知性、操作性、验证性、综合性等特点的相关实验，以培养学生的动手能力、创新能力。

本教材实践环节通过对数据分析工具的详细介绍和对相关的行业案例的引用，加深学生对课堂教学内容的理解，增加其对大数据的感性认识，增强学生的实际动手能力，培养数据分析的意识与能力。本书共分为五章：第一章是 IBM 预测性客户智能介绍，引出大数据时代背景下的预测性客户分析；第二章是 IBM 预测分析平台系统介绍，涵盖了 IBM 预测性客户智能的整个框架、DB2 数据库、Data Studio、SPSS Modeler、Cognos 系列；第三章是预测模型，主要介绍了在实验部分所用的案例预测模型；第四章是预测性客户智能平台系统的基础操作，针对 IBM 预测性客户智能的 DB2、SPSS Modeler、Cognos 工具，介绍了数据库连接以及工具的基本操作步骤；第五章是 IBM 预测性客户智能平台系统的应用，教师可根据理论课上课需要结合本章行业案例进行相关知识的讲解。此外，本书所需的故障排除措施、术语解释及资料来源均在附录部分有所体现。

全书由蹇洁教授负责主编，廖显、余海燕、陈思祁、余若雪负责全书的统稿。具体参编人员分工如下：前言及第一章中 IBM 预测性客户智能介绍（蹇洁、牛舒），第二章 IBM 预测分析平台系统介绍（廖显、张燕双），第三章行业案例预测模型介绍（余海燕、张英培），第四章预测性客户智能平台系统的基础操作（武建军、杨梦丽），第五章预测性客户智能平台系统的应用（陈思祁、余若雪）。此外，刘路元、王金波、卢敬芝、李东云、罗才林等参与了本书所需资料的收集工作及相关文稿的翻译。陈粤、左逸飞、王健林、龙文思等参与了本书的实验设计。

  本书是重庆邮电大学电子商务特色专业建设的阶段性成果，教育部产学合作专业综合改革项目"大数据分析与应用"的成果。在本书的撰写过程中，得到了诸多同仁的帮助，在此对大家的辛勤工作表示诚挚的感谢！在撰写本书的过程中，编者参考和吸收了国内外相关领域的教学思想和教学内容，但由于数据分析所涉及的相关技术飞速发展，且鉴于我们的水平有限、时间仓促，书中难免有不妥之处，恳请读者与同行批评、指正！

编　者

2016 年 8 月

目 录

第一章 IBM 预测性客户智能简介 / 1
 第一节 基于预测性客户分析的大数据时代到来 / 1
 第二节 IBM 预测性客户智能平台方案简述 / 2
 第三节 IBM 预测性客户智能方案的价值 / 3
 第四节 IBM 预测性客户智能的业务优势 / 3

第二章 大数据预测性客户智能平台系统介绍 / 5
 第一节 预测性客户智能框架介绍 / 5
 第二节 DB2 数据库 / 6
  一、DB2 介绍 / 6
  二、Data Studio 工具介绍 / 6
 第三节 SPSS Modeler 简介 / 7
  一、SPSS Modeler 概述 / 7
  二、SPSS Modeler 节点介绍 / 11
 第四节 Cognos 系列简介 / 29
  一、Cognos BI 概述 / 29
  二、Cognos Framework Management 简介 / 31

第三章 预测模型 / 33
 第一节 数据源 / 33
 第二节 电信呼叫中心案例的预测模型 / 34
  一、客户流失率模型 / 35
  二、客户满意度模型 / 36
  三、客户关联模型 / 37
  四、客户回复倾向模型 / 37
  五、分析决策管理中的电信模型 / 38
 第三节 电信移动端的预测模型 / 38
  一、用于移动端案例的聚合模型 / 38

二、预测流失模型 / 39
三、呼叫中心预测模型 / 39
四、建议接受倾向预测模型 / 39
第四节　零售案例的预测模型 / 39
一、数据准备为零售提供解决方案 / 40
二、客户细分模型 / 41
三、购物篮分析模型 / 42
四、客户亲和模型 / 43
五、响应日志分析模型 / 43
六、库存建议模型 / 44
七、零售案例中的部署模型 / 45
八、使用零售案例模型分析 IBM 决策管理 / 45
第五节　保险案例的预测模型 / 46
一、保险案例中使用的数据 / 47
二、客户分割模型 / 47
三、客户流失预测模型 / 48
四、客户终身价值模型（CLTV） / 48
五、活动反馈模型 / 50
六、人生阶段模型 / 50
七、购买倾向模型 / 50
八、保单推荐模型 / 50
九、数据处理模型 / 50
十、社群媒体分析模型 / 51
十一、情绪评分模型 / 51
十二、保险数据模型 / 51
第六节　银行案例的预测模型 / 53
一、亲和力分类模型 / 54
二、客户流失率模型 / 54
三、拖欠信用卡模型 / 54
四、客户分类模型 / 54

五、序列分析模型　/ 54
　　六、训练预测模型　/ 55
　　七、评估模型　/ 55
　　八、商务规则模型　/ 55
　　九、部署　/ 55

第四章　预测性客户智能平台系统的基础操作　/ 56
第一节　数据库连接操作　/ 56
　　一、实验目的　/ 56
　　二、实验原理　/ 56
　　三、实验内容　/ 58
　　四、实验步骤　/ 59
第二节　SPSS Modeler 中模型的建立　/ 73
　　一、实验目的　/ 73
　　二、实验原理　/ 73
　　三、实验内容　/ 73
　　四、实验步骤　/ 74
第三节　Cognos Framework Management 创建元数据模型　/ 94
　　一、实验目的　/ 94
　　二、实验原理　/ 94
　　三、实验内容　/ 94
　　四、实验步骤　/ 94
第四节　Cognos BI 制作可视化报表　/ 112
　　一、实验目的　/ 112
　　二、实验原理　/ 112
　　三、实验内容　/ 113
　　四、实验步骤　/ 113

第五章 预测性客户智能平台系统的应用 / 118
第一节 电信行业案例 / 118
　　一、实验目的 / 118
　　二、实验原理 / 118
　　三、实验内容 / 118
　　四、实验步骤 / 118
第二节 保险行业案例 / 135
　　一、实验目的 / 135
　　二、实验原理 / 135
　　三、实验内容 / 135
　　四、实验步骤 / 135
第三节 零售行业案例 / 167
　　一、实验目的 / 167
　　二、实验原理 / 167
　　三、实验内容 / 167
　　四、实验步骤 / 167
第四节 银行行业案例 / 186
　　一、实验目的 / 186
　　二、实验原理 / 186
　　三、实验内容 / 186
　　四、实验步骤 / 186

附录 A 使用报表的配置 / 215

附录 B 故障排除问题 / 222

附录 C 术语解释 / 224

附录 D 资料来源 / 227

第一章 IBM 预测性客户智能简介

第一节 基于预测性客户分析的大数据时代到来

当前的企业拥有来源广泛的大量客户数据。尽管大多数企业认为这些数据可带来潜在的收益，但是，在将信息有效地转化为可行的洞察力方面，许多企业面临着困难。有效的客户分析战略有助于企业增加收入，避免不必要的成本支出，并且提高客户满意度。消费者和企业每天产生 2.5 Quintillion（1 Quintillion 相当于 10 的 18 次方）字节的数据。事实上，当前，全球 90% 的数据是在过去两年中创造的。这些数据来源多样：用于收集气候信息的传感器、社交媒体中发布的帖子、在线发布的数码照片和视频、销售点（POS）数据、在线购物交易记录、电子邮件内容和移动电话 GPS 信号等。由于上网设备和云服务的价格低廉，世界已经从现实互连向虚拟互连方式转变，与以前相比，产生了更多与客户相关的数据，并且能在更短的时间内完成数据的传输。如今，大多数企业高管都认识到了收集客户相关数据的价值。然而，许多人面临的挑战是如何从这些数据中获得洞察力，继而创造智慧的、主动的、与客户相关的交互通路。他们不确定如何有效地使用客户数据做决策，才能将洞察力转变为销售业绩的增长。采用业务分析的企业可以全面地利用数据、统计和定量分析、探索式和预防性建模以及基于事实的管理，从而在当前复杂的环境中做出更明智的决策。

IBM 预测性客户智能可以帮助人们了解目前状况以及下一步的目标，从依靠猜测进行决策转变为依靠预测进行决策。它可以帮助用户分析自己的结构化和非结构化数据中的趋势、模式和关系，运用这些内容来预测将来的事件，并采取行动以实现期望的成果。无论用户从事市场营销、客户服务、销售、财务、运营还是其他业务领域的工作，都可以随时运用 IBM 预测性客户智能软件中丰富的高级功能，包括在内部部署、在云中部署以及混合解决方案的形式。本产品服务组合将统计分析、预测建模、决策优化和计分、数据收集等功能结合在一起，为用户提供各种工具，解决组织所面临的所有数据难题，实现更好的成果。IBM 的预测性分析解决方案能够满足不同用户的各种需求，无论他们是刚刚入门的，还是经验丰富的分析人员。这些解决方案支持各种规模的企业（无论是中小企业还是大型企业）利用预测性智能的强大能力，为战术性和战略性的决策指引方向。因此，大数据时代对人类的数据驾驭能力提出了新的挑战，也为人们获得更为深刻、全面的洞察能力提供了前所未有的空间与潜力。

第二节　IBM预测性客户智能平台方案简述

IBM预测性客户智能（Predictive Customer Intelligence，PCI）平台根据每个独特客户的购买行为、Web活动、社交媒体参与情况等，提供与该客户最相关的建议，从而个性化客户体验。通过使用自动化，该集成软件解决方案将从多个内部和外部源收集客户信息，并对客户行为进行建模。然后，通过评分为用户提供可执行的定制行动，以在正确的时间向正确的客户提供正确的购物建议。

IBM预测性客户智能平台包含以下功能，可帮助用户在与客户接洽的关键点自信地推荐个性化的相关建议：

1. 预测分析，可帮助用户预测每个客户的行为

（1）将数据转变为洞察，帮助用户判断每个客户很可能需要的产品或接下来的行动，如接受购物建议、拖欠抵押贷款或取消保单。

（2）通过预测技术指导一线客户交互和体验。

（3）使用高级客户流失率模型预测并前瞻性地控制客户保留时间。

（4）参与精准营销活动，前瞻性地识别客户服务问题。

2. 决策管理，可将预测模型评分转换为相应的行动

（1）为每个具体的客户交互提供推荐的行动。

（2）近乎实时地利用自动化且经过优化的交易决策。

（3）通过灵活且直观的用户界面，针对每个客户交互开发和实施有针对性的配置和内容。

3. 实时评分，可随需生成和重新生成预测

（1）对交易数据（例如大规模销售、客户服务和索赔交易）持续评分。

（2）为客服人员、营销人员和业务分析员提供最新预测，而非预先计算好的静态历史记录。

（3）支持一线人员在与客户交互时根据预测采取行动，并在了解到新信息后做出反应。

4. 跨营销活动进行优化，可识别针对每个客户来说最有利的决策

（1）跨所有渠道，使营销活动的成果增加20%。

（2）扫描多个营销活动和业务约束，以查找最符合营销活动的客户。

（3）将业务规则逻辑与通过预测建模获得的洞察相结合。

5. 客户生命周期价值细分，可对客户进行分类，并提供保留时间建议

（1）根据生命周期价值的可能性，使用客户细分方法对客户进行分类。

（2）接收自动生成的行动分配策略，该策略已针对长期期望的奖励进行了

优化。

(3) 根据客户生命周期价值细分，使用建议的行动留住客户。

(4) 使客户细分和建议结果可视化。

第三节　IBM 预测性客户智能方案的价值

1. 市场部门

(1) 对每个客户的交互数据、态度数据、描述数据以及行为数据进行整合，形成 360 度的独特客户视图，并且加以细分。同时能够基于数据流实时刷新客户视图，确保反映最真实的客户记录；

(2) 能够定义市场细分群体；

(3) 在实时接触当中，提供了交叉销售及向上销售方案；

(4) 形成有效的市场活动——正确的时间、正确的地点、正确的方案；

(5) 实时监测客户异动，主动提供客户挽留方案；

(6) 客户生命周期理论驱动；

(7) 提供 IBM Unica 即插即用的链接。

2. 客户服务部门

(1) 线上、线下的任意接触点，都能够为客户提供个性化的服务体验；

(2) 通过提供个性化或客户最有可能响应的方案，延长客户生命周期；

(3) 为每个客户匹配适合的客户代表，提高服务质量以及效率；

(4) 提供与客户接触的最优方式——线下沟通、智能手机、电子邮件、呼叫中心、社交网络等。

3. 销售部门

(1) 为销售部门提供一致的全面客户视图，以便销售人员全面洞察客户；

(2) 在与客户的接触当中，实时提供交叉销售/向上销售的专业洞察；

(3) 通过提供价格敏感度分析来提升利润和收入。

4. 客户体验及洞察部门

(1) 基于客户个体以及细分市场，均能提供一致的全面客户视图；

(2) 通过全品牌分析，识别影响效益的重要驱动因素，并改善整个企业的战略以及运营。

第四节　IBM 预测性客户智能的业务优势

IBM 预测性客户智能综合不同数据源数据，形成 360 度客户视图，获得客户洞察，并能根据客户的独特需求，提供个性化的客户体验，大大提高客户的满意度。

IBM PCI 解决方案是 IBM 全球智慧战略的重要组成部分，从研发、销售、服务、支持等各个方面都得到了极大支持。

IBM 是全范围的高级分析提供商，提供业界顶尖的分析广度、深度。

IBM 预测性客户智能提供开箱即用的预置分析模板，汇集行业专家经验，尽享全球最佳实践。

IBM 预测性客户智能拥有灵活易用的操作界面，使整个企业都可以分享数据分析产生的价值。

IBM SPSS 西安研发实验室拥有超过 200 人的专业技术力量，为中国用户提供无与伦比的技术支持和响应。

第二章 大数据预测性客户智能平台系统介绍

第一节 预测性客户智能框架介绍

IBM 预测性客户智能的整体框架如图 2.1 所示，其中主要是由三个部分构成，分别是分析、实时配置以及可操作视图。而 Omni-channel 主要是整合业务流程和模型数据。

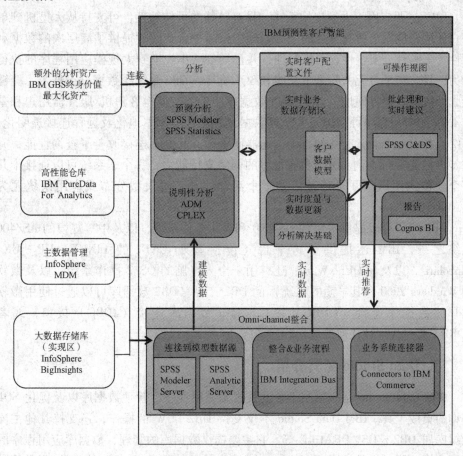

图 2.1 IBM PCI 框架介绍

分析主要由两部分构成，一部分是预测性分析 SPSS 系列，另一部分是说明性分析，这部分可对数据进行分析，获得用户的最大化资产。其中，建模数据通过 Omni 管道整合，实现数据的存储。实时客户配置主要包括实时业务存储区、实时度量和数据更新，由 DB2 和客户数据模型构成，并通过 IBM Integration Bus 软件整合业务流程。可操作视图包括批处理、实时建议、可视化报告，其中 SPSS C&DS 软件与实时业务数据存储区形成互动，及时反馈信息；Cognos 是呈现可视化视图的最佳工具。

Omni 管道的主要功能是管理数据，其作用是一个高性能仓库，实现主数据管理和大数据的存储。

第二节　DB2 数据库

一、DB2 介绍

IBM DB2 是美国 IBM 公司开发的一套关系型数据库管理系统，它主要的运行环境为 UNIX（包括 IBM 自家的 AIX）、Linux、IBM i（旧称 OS/400）、z/OS 以及 Windows 服务器版本。

DB2 主要应用于大型应用系统，具有较好的可伸缩性，可支持从大型机到单用户环境，应用于所有常见的服务器操作系统平台。同时提供了高层次的数据利用性、完整性、安全性、可恢复性，并且具备从小规模到大规模应用程序的执行能力，具有与平台无关的基本功能和 SQL 命令。DB2 采用了数据分级技术，能够使大型机数据很方便地下载到 LAN 数据库服务器，使得客户机/服务器用户和基于 LAN 的应用程序可以访问大型机数据，并使数据库本地化及远程连接透明化。DB2 以拥有一个非常完备的查询优化器而著称，其外部连接改善了查询性能，并支持多任务并行查询。DB2 具有很好的网络支持能力，每个子系统可以连接十几万个分布式用户，可同时激活上千个活动线程，对大型分布式应用系统尤为适用。

DB2 除了可以提供主流的 OS/390 和 VM 操作系统，以及中等规模的 AS/400 系统之外，IBM 还提供了跨平台（包括基于 UNIX 的 LINUX，HP－UX，SunSolaris，以及 SCOUnixWare；还有用于个人电脑的 OS/2 操作系统，以及微软的 Windows 2000 和其早期的系统）的 DB2 产品。DB2 数据库可以通过使用微软的开放数据库连接（ODBC）接口，Java 数据库连接（JDBC）接口，或者 CORBA 接口代理被任何的应用程序访问。

二、Data Studio 工具介绍

IBM Data Studio 是一款用于开发数据库应用程序、管理数据库以及优化 SQL 查询的集成工具。IBM Data Studio 不仅支持 DB2 LUW 的操作，还支持其他主流数据库如 DB2 z/OS、ORACLE 等。它主要提供数据库的管理，数据库应用程序的开发功能，同时也集成了 IBM Optim 家族中另一款产品 OQWT 的 SQL 调优的基

本功能，而且这些功能都是免费的。另外 IBM Data Studio3.1.1 的工具包中还包括一个叫 Web Console 的工具，它允许用户通过浏览器监测数据库的性能和状态。DB2 控制中心所能完成的所有的数据库的管理功能，Data Studio 都可以实现，并且在 Data Studio3.1.1 中对这些功能还做了很多的改进，同时也增加了一些 DB2 控制中心不具备的数据库管理功能。

Data Studio 包含三个组件：完整客户端、管理客户端 和 Web 控制台。管理客户端是一个轻量级工具，用于管理数据库和满足 DB2 for LUW 及 DB2 for z/OS 的大部分开发需求。完整客户端扩展了管理客户端的功能，可以支持 Java™、SQL PL 和 PL/SQL 例程、XML 编辑器及其他技术的开发。

第三节　SPSS Modeler 简介

一、SPSS Modeler 概述

IBM SPSS Modeler 是业界领先的数据挖掘平台软件，通过这些工具可以采用商业技术快速建立预测性模型，并将其应用于商业活动，从而改进决策过程。SPSS Modeler 参照行业标准 CRISP-DM 模型设计而成，可支持从数据到更优商业成果的整个数据挖掘过程。IBM SPSS Modeler 提供了完全可视化的图形化界面，构建数据挖掘模型且无需使用者进行编程，通过节点的拖拽连接就可以轻松快捷地进行自助式的数据处理与数据挖掘过程。接下来对 SPSS Modeler 中涉及的概念进行解释。

1. 节点

节点代表要对数据执行的操作。

例如，假定用户需要打开某个数据源、添加新字段、根据新字段中的值选择记录，然后在表中显示结果。在这种情况下，用户的数据流应由以下四个节点组成（图2.2）：

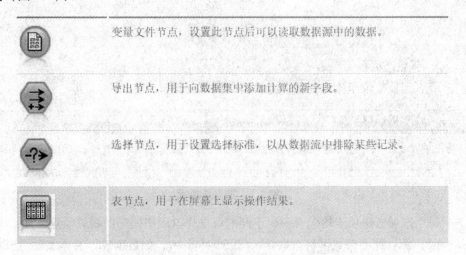

图2.2　节点示例

2. 数据流

SPSS Modeler 进行的数据挖掘重点关注通过一系列节点运行数据的过程，我们将这一过程称为数据流。也可以说 SPSS Modeler 是以数据流为驱动的产品。这一系列节点代表要对数据执行的操作，而节点之间的链接指示数据的流动方向。如上面提到的四个节点可以创建如下数据流（图 2.3）：

图 2.3 数据流示例

通常，SPSS Modeler 将数据以一条条记录的形式读入，然后通过对数据进行一系列操作，最后将其发送至某个地方（可以是模型或某种格式的数据输出）。使用 SPSS Modeler 处理数据的三个步骤：

（1）将数据读入 SPSS Modeler；
（2）通过一系列操纵运行数据；
（3）将数据发送到目标位置。

在 SPSS Modeler 中，可以通过打开新的数据流一次性处理多个数据流。会话期间，可以在 SPSS Modeler 窗口右上角的流管理器中管理打开的多个数据流（图 2.4）。

图 2.4 流管理器

3. 节点选项板

节点选项板位于流工作区下方窗口的底部（图 2.5）。

图 2.5 节点选项板

每个选项板选项卡均包含一组不同的流操作阶段中使用的相关节点，如：

（1）源：此类节点可将数据导入 SPSS Modeler，如数据库、文本文件、SPSS Statistics 数据文件、Excel、XML 等。

（2）记录选项：此类节点可对数据记录执行操作，如选择、合并和追加等。

（3）字段选项：此类节点可对数据字段执行操作，如过滤、导出新字段和确定给定字段的测量级别等。

（4）图形：此类节点可在建模前后以图表形式显示数据。图形包括散点图、直方图、网络节点和评估图表等。

（5）建模：此类节点可使用 SPSS Modeler 中提供的建模算法，如神经网络、决策树、聚类算法和数据排序等。

（6）数据库建模：节点使用 Microsoft SQL Server、IBM DB2 和 Oracle 数据库中可用的建模算法直接在数据库里进行建模及评估。

（7）输出：节点生成数据、图表和可在 SPSS Modeler 中查看的模型等多种输出结果。

（8）导出：节点生成可在外部应用程序（如 IBM SPSS Data Collection 或 Excel）中查看的多种输出。

IBM SPSS Statistics：节点将 IBM SPSS Statistics 数据导入或导出为 SPSS Statistics 数据，以及运行 SPSS Statistics 提供的功能。

随着对 SPSS Modeler 的熟悉，用户可以在收藏夹自定义常用的选项板内容。

4. 使用节点和流

要将节点添加到工作区，请在节点选项板中双击图标或将其拖放到工作区。已添加到流工作区的节点在连接之前不会形成数据流，可以将各个图标连接以创建一个表示数据流动的流，节点之间的连接指示数据从一项操作流向下一项操作的方向。

SPSS Modeler 中最常见的鼠标用法如下所示：

（1）单击。使用鼠标左键或右键选择菜单选项，打开上下文相关菜单以及访问其他各种标准控件和选项。单击节点并按住按键可拖动节点。

（2）双击。双击鼠标左键可将节点置于流工作区，编辑工作区现有节点。

（3）中键单击。单击鼠标中键并拖动光标可在流工作区中连接节点。双击鼠标中键可断开某个节点的连接。如果没有三键鼠标，可在单击并拖动鼠标时通过按 Alt 键来模拟此功能。

创建了流以后，可以对流进行保存、添加注解、将其添加到工程。从文件主菜单中，选择流属性还可以为流设置各种选项，如日期和时间设置、参数和脚本。使用流属性对话框中的消息选项卡，可以轻松查看有关运行、优化和模型构建以及评估所用时间等流操作有关的消息，流操作的错误消息也将在这里报告。

5. SPSS Modeler 管理器

可以使用流选项卡打开、重命名、保存和删除在会话中创建的多个流（图 2.6）。

图 2.6 流管理器

输出选项卡中包含由 SPSS Modeler 中的流操作生成的输出或图形文件。用户可以浏览、保存、重命名和关闭此选项上列出的表格、图形和报告（图 2.7）。

图 2.7 输出文件管理器

模型选项卡是管理器选项卡中功能最强大的选项卡。该选项卡中包含所有模型块，如当前会话中生成的模型，通过 PMML 导入的模型等。这些模型可以直接从模型选项卡上浏览或将其添加到工作区的流中进行数据分析（图 2.8）。

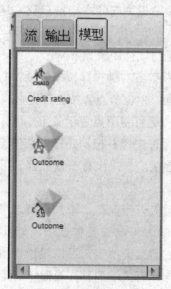

图 2.8 模型管理器

窗口右侧底部是工程工具，用于创建和管理数据挖掘工程（与数据挖掘任务相关的文件组）。有两种方式可查看用户在 SPSS Modeler 中创建的工程—类视图或 CRISP-DM 视图。

依据跨行业数据挖掘过程标准，CRISP-DM 选项卡提供了一种组织工程的方式。不论是有经验的数据挖掘人员还是新手，使用 CRISP-DM 工具都会使用户事半功倍（图2.9）。

图 2.9　工程工具 -CRISP-DM 视图

类选项卡提供了一种在 SPSS Modeler 中按类别（按照所创建对象的类别）组织用户工作的方式。此视图在获取数据、流、模型的详尽目录时十分有用（图2.10）。

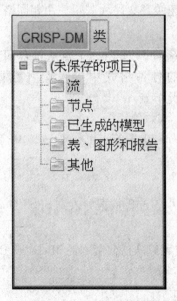

图 2.10　工程工具 - 类视图

二、SPSS Modeler 节点介绍

IBM SPSS Modeler 提供了多个数据源节点用于读取各种（异构）数据源格式，这些格式包括平面文件、IBM© SPSS© Statistics（.sav）、SAS、Microsoft Excel 和 ODBC 兼容关系数据库，也可以使用用户输入节点生成综合数据。具体地说，

IBM SPSS Modeler 提供了以下的数据源节点：

企业视图节点用于创建指向存储库的连接，使用户可以将企业视图数据读入流中，并将模型打包装入其他用户可通过存储库访问的方案。

数据库节点可用于使用 ODBC（开放数据库连接）从多种其他数据包中导入数据，这些数据包包括 Microsoft SQL Server、DB2、Oracle、Teradata 等。

自由格式文件节点读取自由格式字段文本文件中的数据——记录包含固定数量的字段，但包含不定数量字符的文件。此节点对于具有固定长度标题文本和某些特定类型注解的文件也非常有用。

固定文件节点会从固定字段文本文件（即文件字段不定界而是从相同的位置开始且长度固定）中导入数据。机器生成的数据或遗存数据通常以固定字段格式存储。

SPSS Statistics 文件节点从 SPSS Statistics 使用的 .sav 文件格式以及保存在 SPSS Modeler 中的高速缓存文件（其也使用相同格式）中读取数据。

SPSS Data Collection 数据导入节点从符合 SPSS Data Collection 数据模型的市场调查软件所用的各种格式中导入调查数据。必须安装 SPSS Data Collection 数据库才可使用此节点。

IBM Cognos BI 通过 IBM Cognos BI 源节点可将 Cognos BI 数据库数据或单列表报告导入到数据挖掘会话中。

SAS 导入节点可将 SAS 数据导入到 SPSS Modeler 中。

Excel 导入节点可以从任何版本的 Microsoft Excel 中导入数据。不要求指定 ODBC 数据源。

XML 源节点将 XML 格式的数据导入到流中。可以导入某个目录中的单个文件或所有文件。还可选择指定架构文件，以从中读取 XML 结构。

用户输入节点提供了一种用于创建综合数据的简单方式——可以从头开始创建，也可以通过更改现有数据进行创建。此节点非常有用，例如，在希望为建模创建测试数据集时，即可使用此节点。

1. 提供多种数据整理方式

IBM SPSS Modeler 提供从多角度对数据进行整理的功能。对数据从字段和记录两个角度进行处理,包括:字段筛选、命名、生成新字段、值替换;记录选择、抽样、合并、排序、汇总和平衡;字段类型的转换。

2. 数据整合

能快捷地自行同时合并来自两个或多个异构数据源的数据。具体功能节点如下:

合并节点获取多个输入记录并创建包含某些或全部输入字段的单个输出记录。这对于合并来源不同的数据非常有用,例如内部客户数据和已购买人群统计数据。

"追加"节点连接各组记录,也可以用于将数据集与结构类似但内容不同的数据合并起来。

以下是使用 IBM SPSS Modeler 合并多个异构数据源数据的数据流示意(图 2.11):

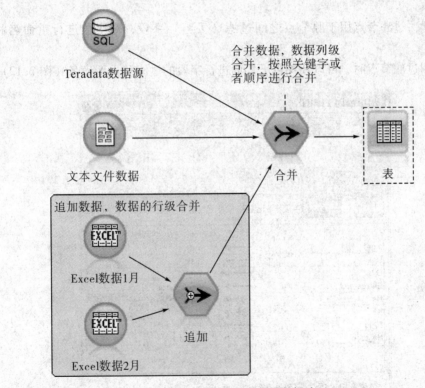

图 2.11　合并异构数据源数据流

数据分段和排序能提供简便的用户自定义分段和基于目标函数的最优分段以及排序。详细如下:

分箱节点根据一个或多个现有连续(数值范围)字段的值自动创建新

的名义（集合）字段。例如，用户可将连续收入字段转换为一个包含各组收入的新的分类字段，作为其与平均值之间的偏差。一旦创建新字段分箱后，即可根据割点创建"衍生"节点。

使用分箱节点，可以采用以下技术自动生成分箱（类别）：
(1) 固定宽度分箱；
(2) 分位数（相等计数或总和）；
(3) 均值和标准差；
(4) 等级；
(5) 相对于分类"主管"字段的最优化。

排序节点可根据一个或多个字段的值将记录按升序或降序排序。
在排序节点中，可以指定一个或多个字段作为排序依据，也可以指定其按照升序或者降序排列。

3. 数据过滤
用户能轻松地进行多数据表的列级和行级复杂筛选处理，具体如下：

过滤节点用于源节点之间过滤（丢弃）字段，对字段进行重命名和映射。

使用过滤节点时，可以使用以下界面进行字段的过滤和重新命名（图2.12）。

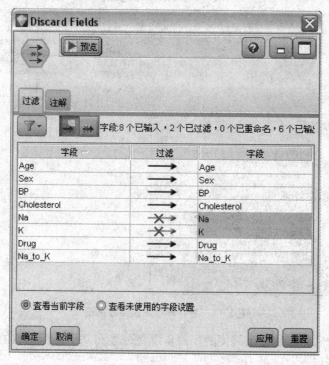

图2.12 过滤节点界面

选择节点可基于特定条件从数据流中选择或丢弃记录子集。例如，可以选择有关特定销售区域的记录。

在选择节点中，提供了包含和丢弃两种模式，可以方便地根据需要对特定记录进行保留或者丢弃，而在提供的表达式编辑框内则可以输入任意的条件或者公式，从而根据复杂的业务逻辑或者分析需要进行记录的选择。

4. 数据转换

除提供常规的数据汇总、转置、排序处理外，还拥有丰富的数学、统计、财务等函数库，用户能轻松自如地生成不同的衍生字段，具体如下：

"汇总"节点：用汇总和合计的输出记录替代一列输入记录。

转置节点：交换行和列中的数据，以便记录变成字段，字段变成记录。

重新结构化节点：可以进行复杂转置操作，可将一个名义字段或标志字段转换为一组字段（该字段组由已成为另一字段的值填充）。例如，给定一个名为支付类型的字段，其值为贷方、现金和借方，则将创建三个新字段（贷方、现金、借方），每个字段可能包含实际支付的值。

排序节点：可根据一个或多个字段的值将记录按升序或降序排序。

另外，IBM SPSS Modeler 还拥有强大的 CLEM 技术，提供了丰富的数学、统计、财务函数可以让用户方便地生成各种衍生变量，具体包括以下各类型函数（表 2.1）：

表 2.1　　　　　　　　　　　函数类型

函数类型	描述
信息	用于深入了解字段值。例如，函数 is_string 针对类型为字符串的所有记录返回真值。
转换	用于构建新字段或转换存储类型。例如，函数 to_timestamp 会将选定字段转换为时间戳。
比较	用于字段值的相互比较或与指定字符串进行比较。例如，<= 用来比较两个字段的值是否有一个更小或是相等。
逻辑	用来进行逻辑运算，例如，if、then、else 运算。
Numeric	用来进行数值计算，例如对字段值取自然对数。
三角法	用来进行三角计算，例如指定角度的反余弦。
Probability	返回各种分布的概率，例如，学生氏 t 分布中某个值将小于特定值的概率。

表2.1(续)

函数类型	描述
位元	用于以位元模式操作整数。
Random	用于随机选择项或生成数值。
字符串	用于对字符串进行各种操作，例如 stripchar 用来删除指定字符。
SoundEx	用于在不知道字符串准确拼写的情况下根据某些字母的假设发音查找字符串。
日期和时间	用于对日期、时间和时间戳字段执行各种操作。
序列	用于深入了解数据集的记录序列或根据该序列进行操作。
全局量	用于访问由设置全局量节点创建的全局值。例如，@ MEAN 用于引用某个字段在整个数据集中所有值的平均值。
空值和 Null 值	用于访问、标记或填充用户指定的空值或系统缺失值。例如，@ BLANK (FIELD) 用于为存在空值的记录添加一个真值标志。
特殊字段	用于标示检查中的特定字段。例如，在派生多个字段时使用@ FIELD。

5. 数据采样

对简单随机抽样、系统抽样、整群抽样、分层抽样等全部数据抽样方法进行了简化封装，易于用户使用。

案例节点：选择记录的子集。受支持的案例类型有许多，其中包括简单、系统（等距）、整群和分层抽样。取样对于提高性能和选择相关记录组或交易组用于分析会很有用。

（1）整群抽样。属于案例组或聚类，而不是单个单元。例如，假设用户有一个数据文件，其中每个学生对应一条记录。如果按学校聚类并且案例大小为50%，那么便会选中一半的学校并从每所选定的学校中选出所有学生，而去除未选中学校的学生。一般而言，用户可能期望选出大约一半的学生，但由于学校规模不同，则百分比也可能不太准确。同样，用户可以按交易 ID 对购物车项目进行聚类，以确保保留所选交易的所有项目。

（2）分层抽样。在总体或分层的没有重叠的子组中独立选择案例。例如，用户可以确保以同样的比例对男性和女性进行抽样，或者可以确保在城市总体中显示每个地区或每个社会经济群体。还可以为每层指定一个不同的案例大小（例如，如果用户认为一个组在原始数据中被低估了）。

（3）系统化或 n 中取 1 抽样。如果随机选择难以实现，则可以以系统（以固定间隔）或顺序方式抽取单元。

（4）抽样权重。在绘制复杂案例时会自动计算抽样加权，并且这些加权会与每个抽样单元在原始数据中所表示的"频率"大致对应。因此，案例的加权总和应该可以估计原始数据的大小。

(5) 缺失值处理

提供自动化的常见缺失值处理方法（属性数据：固定值、最大频数值；数值数据：平均值、中位数、众数等），以及基于内置模型的最优值填充方法。

IBM SPSS Modeler 提供了数据审核节点，可以对数据质量进行审核，数据审核节点中的"质量"选项卡提供用于处理缺失值、离群集和极值的选项。

数据审核报告列出每个字段完整记录的百分比以及有效值、Null 值和空值的数量。用户可以根据情况选择填补特定字段的缺失值，然后生成超节点以应用这些变换。

在填补缺失值列中，指定要填补的值的类型（如果有）。用户可以选择填补空值、Null 值、两者兼顾，或指定用于选择待填补值的自定义条件或表达式。IBM© SPSS© Modeler 可识别的缺失值类型有以下几种：

Null 值或系统缺失值。这两种类型是数据库或源文件中留空，并且尚未在源节点或类型节点中专门定义为"缺失"的非字符串值。系统缺失值显示为 $null$。请注意，空字符串在 SPSS Modeler 中不被视为 Null 值，但它们可能会被某些数据库视为 Null 值。n 空字符串和空白。空字符串值和空白（带有不可见字符的字符串）不被视为 Null 值。对于大多数用途，空字符串都被视为相当于空白。例如，如果用户选择在源节点或类型节点中将空白视为空值的选项，则此设置也应用于空字符串。

空值或用户定义的缺失值。这些是在源节点或类型节点中被明确定义为缺失的值（如 unknown、99 或-1）。用户还可以将 Null 值和空白视为空值，这样将使得它们被标记为进行特殊处理并排除在大多数计算之外。例如，用户可以使用 @BLANK 函数将这些值以及其他类型的缺失值处理为空值。

在方法列中，指定要使用的缺失值填补方法，下列方法可用于输入缺失值：

(1) 固定。替换为固定值（可以是字段平均值、范围中间值或用户指定的常数）。

(2) 随机。替换为基于正态分布或均匀分布产生的随机值。

(3) 表达式。用于指定定制表达式，例如用户可以使用设置全局量节点创建的全局变量替换值。

(4) 算法。基于 C&RT 算法替换为模型预测的值。对于使用此方法输入的每个字段，都会有一个单独的 C&RT 模型，还有一个填充节点会使用该模型预测的值替换空白值和 Null 值。然后使用过滤节点删除该模型生成的预测字段。

数据审核节点：首先全面检查数据，这些数据包括每个字段的汇总统计量、直方图和分布以及有关离群值、缺失值和极值的信息。结果显示在易于读取的矩阵中，该矩阵可以排序并且可以用于生成完整大小的图表和数据准备节点。

6. 脚本语言

为高级用户提供了简单、灵活的脚本语言，以便用于处理复杂的数据变换。

IBM© SPSS© Modeler 中的脚本编写是用于在用户界面上实现过程自动化的强大

工具。用户使用鼠标或键盘进行的操作，借助脚本同样可以完成，而且使用脚本可以自动化那些手动执行将造成大量重复操作且高耗时的任务。

脚本的作用包括：

（1）限制在流中执行节点的特定顺序。

（2）设置节点属性并使用CLEM（表达式操作控制语言）的子集来执行派生。

（3）指定通常包含用户交互的操作的自动执行顺序，例如用户可以构建一个模型，然后对其进行测试。

（4）设置需要实际用户交互的复杂过程，例如需要重复模型生成和测试的交叉验证步骤。

（5）设置流操纵过程，例如用户可以提取一个模型训练流，运行它，然后自动生成相应的模型测试流。

7. 内嵌SQL语言

能通过内嵌的SQL语句直接处理分析数据。

SPSS数据库源节点除了可以使用图形化界面进行设置之外，还可以使用标准SQL语句进行数据的读取和处理等工作，已连接到数据源后，可以选择使用SQL查询导入字段。从主对话框中，选择SQL查询作为连接模式。此时将在对话框中添加一个查询编辑器窗口。使用查询编辑器可创建或载入一个或多个SQL查询，其结果集合将被读取到数据流中。

8. 强大的数据可视化、统计图表功能

为探索性数据分析及成果展现提供全面、新颖的数据可视化分析技术。IBM SPSS Modeler中提供了多种图形节点，可以生成包括散点图、分布图、直方图、堆积图、多重散点图、网络图和时间散点图等在内的各种图形。

图形板节点可在一个节点中提供许多不同类型的图形。使用此节点，可以选择要探索的数据字段，然后从适用于选定数据的字段中选择一个图形。节点将自动过滤出适用于字段选项的所有图形类型。

散点图节点可显示数值字段间的关系。可通过使用点（散点）或线创建散点图。

条形图节点显示了标志（类别）值的出现次数，例如抵押类型或性别。通常可以使用条形图结点来显示数据中的不均衡，然后可在模型创建前使用均衡节点来纠正此类不均衡。

直方图节点显示了数值字段的值的出现次数。它经常用来在数据操作和模型构建之前探索数据。与条形图节点相似，直方图节点经常用来揭示数据中的不均衡。

"收集"节点显示一个数字字段的值相对于另一个数字字段的值的分

布（它创建类似于直方图的图形）。当图示说明值是不断变化的变量或字段时，它是有用的。使用 3-D 图形表示时，还可以使用按分类显示分布的符号轴。

使用多重散点图节点可创建在一个 X 字段上显示多个 Y 字段的散点图。Y 字段被绘制为彩色的线；每条线相当于"样式"设置为线且"X 模式"设置为排序的散点图节点。当要研究几个变量随时间的变化情况时，多重散点图非常有用。

Web 节点说明了两个或多个符号（分类）字段值之间关系的强度。该图使用不同粗细的线来表示关系强度。例如，用户可以使用 Web 节点来研究电子商务网站上一系列商品的购买之间的关系。

时间散点图节点显示一个或多个时间序列数据集。通常情况下，用户首先要使用时间区间节点创建一个 TimeLabel 字段，该字段用于为 x 轴设置标签。

评估节点有助于评估和比较预测模型。评估图表显示了模型对特定结果的预测优劣。它根据预测值和预测置信度来对记录进行排序。它将记录分成若干个大小相同的组（分位数），然后从高到低为每个分位数划分业务标准值。在散点图中，将以单独的线条显示多个模型（图 2.13）。

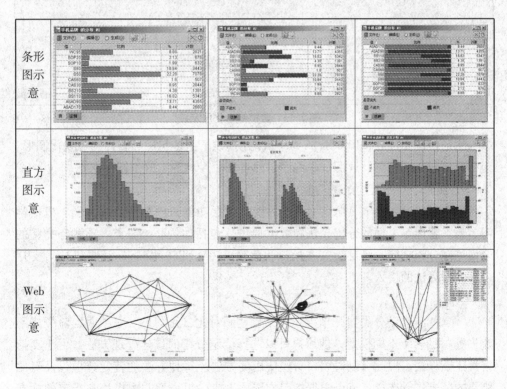

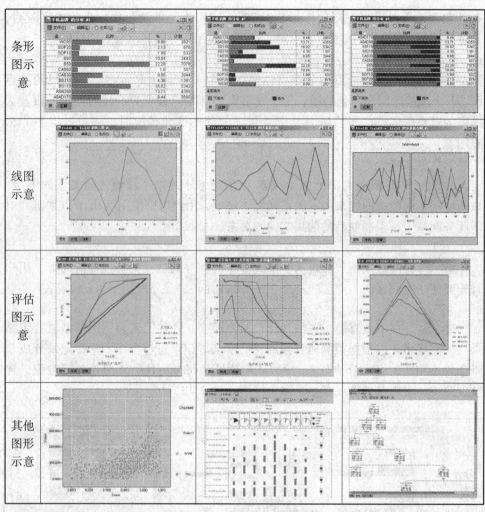

图 2.13　数据图形化展示

除了传统图形外，IBM SPSS Modeler 还提供了更多实用和新颖的可视化图形，包括但不限于网络图、地图、箱线图、热度图、带状图、气泡图等。

9. 强大丰富的统计挖掘功能

IBM SPSS Modeler 中提供了完整的统计挖掘功能，包括来自统计学、机器学习、人工智能等方面的分析算法和数据模型，包括如关联、分类、预测等完整的全面挖掘分析功能，且支持文本挖掘。此外，IBM SPSS Modeler 还提供接口支持外部分析算法的接入。

"自动分类器"节点：用于创建和对比二元结果（是或否，流失或不流失等）的若干不同模型，使用户可以选择给定分析的最佳处理方法。由于支持多种建模算法，因此可以对用户希望使用的方法、每种方法的特定选项以及对比结果的标准进行选择。节点根据指定的选项生成一组模型并根据用户指定的标准排列最佳候选项的顺序。

自动数值节点：使用多种不同方法估计和对比模型的连续数字范围结果。此节点和自动分类器节点的工作方式相同，因此，在单个建模传递中，可以选择使用多个选项组合进行测试的算法。受支持的算法包括神经网络、C&R 树、CHAID、线性回归、广义线性回归以及 Support Vector Machine（SVM）。可基于相关度、相对错误或已用变量数对模型进行对比。

自动聚类节点：估算和比较识别具有类似特征记录组的聚类模型。节点工作方式与其他自动建模节点相同，使用户在一次建模运行中即可试验多个选项组合。模型可使用基本测量进行比较，以尝试过滤聚类模型的有效性以及对其进行排序，并提供一个基于特定字段的重要性的测量。

时间序列节点：可为时间序列估计指数平滑模型、单变量综合自回归移动平均（ARIMA）模型和多变量 ARIMA（或变换函数）模型并基于时间序列数据生成预测。

C&R 树节点：生成可用于预测或分类未来观测值的决策树。该方法通过在每个步骤最大限度降低不纯洁度，使用递归分区来将训练记录分割为组。如果节点中 100% 的观测值都属于目标字段的一个特定类别，则树中的该节点将被认定为"纯洁"。目标和输入字段可以是数字范围或分类（名义、有序或标志）；所有分割均为二元分割（即仅分割为两个子组）。

QUEST 节点：可提供用于构建决策树的二元分类法，此方法的设计目的是减少大型 C&R 树分析所需的处理时间，同时也减少在分类树方法中发现的趋势以便支持允许有多个分割的输入。输入字段可以是数字范围（连续），但目标字段必须是分类。所有分割都是二元的。

CHAID 节点：使用卡方统计量来生成决策树，以确定最佳的分割。CHAID 与 C&R 树和 QUEST 节点不同，它可以生成非二元树，这意味着有些分割将有多于两个的分支。目标和输入字段可以是数字范围（连续）或分类。Exhaustive CHAID 是 CHAID 的修正版，它对所有分割进行更彻底的检查，但计算时间比较长。

决策列表节点：可标识子组或段，显示与总体相关的给定二元结果的似然度的高低。例如，用户或许在寻找那些最不可能流失的客户或最有可能对某个商业活动作出积极响应的客户。通过定制段和并排预览备选模型来比较结果，用户可以将自己的业务知识体现在模型中。决策列表模型由一组规则构成，其中每个规则具备一个条件和一个结果。规则依顺序应用，相匹配的第一个规则将决定结果。

线性模型节点：根据目标与一个或多个预测变量间的线性关系来预测连续目标。

线性回归节点：是一种通过拟合直线或平面以实现汇总数据和预测的普通统计方法，它可使预测值和实际输出值之间的差异最小化。

因子/主成分分析节点：提供了用于降低数据复杂程度的强大数据缩减技术。主成分分析（PCA）可找出输入字段的线性组合，该组合最好地捕获了整个字段集合中的方差，且组合中的各个成分相互正交（相互垂直）。因子分析则尝试识别底层因素，这些因素说明了观测的字段集合内的相关模式。这两种方式的目标都是找到有效概括原始字段集中的信息的一小部分导出字段。

神经网络节点：使用的模型是对人类大脑处理信息方式的简化模型。此模型通过模拟大量类似于神经元的抽象形式的互连简单处理单元而运行。神经网络是功能强大的一般函数估计器，只需要最少的统计或数学知识就可以对其进行训练或应用。

C5.0 节点：构建决策树或规则集。该模型的工作原理是根据在每个级别提供最大信息收获的字段分割案例。目标字段必须为分类字段。允许进行多次多于两个子组的分割。

"特征选择"节点：根据某组条件（例如缺失值百分比）筛选可删除的输入字段；对于保留的输入，将相对于指定目标对其重要性进行排序。例如，假如某个给定数据集有上千个潜在输入，那么哪些输入最有可能用于对患者结果进行建模呢？

判别式分析节点：所做的假设比 logistic 回归的假设更严格，但在符合这些假设时，判别式分析可以作为 logistic 回归分析的有用替代项或补充。

Logistic 回归节点：是一种统计方法，它可根据输入字段的值对记录进行分类。它类似于线性回归，但采用的是类别目标字段而非数字范围。

"广义线性"模型节点：对一般线性模型进行了扩展，这样因变量通过指定的关联函数与因子和协变量线性相关。另外，该模型允许因变量呈非正态分布。它包括统计模型大部分的功能，其中包括线性回归、logistic 回归、用于计数数据的对数线性模型以及区间删失生存模型。

Cox 回归节点：可为时间事件数据构建预测模型。该模型会生成一个生存函数，该函数可预测在给定时间 t 内对于所给定的预测变量值相关事件的发生概率。

SVM（Support Vector Machine）节点：使用该节点，可以将数据分为两组，而无需过度拟合。SVM 可以与大量数据集配合使用，如那些含有大量输入字段的数据集。

贝叶斯网络节点：可以利用该节点对真实世界认知的判断力并结合所观察和记录的证据来构建概率模型。该节点重点应用了树扩展简单贝叶斯（TAN）和马尔可夫毯网络，这些算法主要用于分类问题。

自学响应模型（SLRM）节点：利用该节点可以构建这样的模型——随着数据集的增长，可以不断对其进行更新或重新估计，而不必每次使用整个数据集重新构建该模型。例如，如果有若干产品，而用户希望确定某位客户获得报价后最有可能购买的产品，那么这种模型将十分有用。此模型可用于预测最适合客户的报价，以及该报价被接受的概率。

"先验"节点：从数据抽取一组规则，即抽取信息内容最多的规则。"先验"节点提供五种选择规则的方法并使用复杂的索引模式来高效地处理大数据集。对于大问题而言，"先验"通常用于训练时，比 GRI 处理的速度快；它对可保留的规则数量没有任何限制，而且可处理最多带有 32 个前提条件的规则。"先验"要求输入和输出字段均为分类型字段，但因为它专为处理此类型数据而进行优化，因而处理速度快得多。

CARMA 节点：使用关联规则发现算法来发现数据中的关联规则。例如，用户可以使用此节点生成的规则来查找一系列产品或服务（条件），其结果是用户要在此假期内进行促销的项目。

序列节点：可发现连续数据或与时间有关的数据中的关联规则。序列是一系列可能会以可预测顺序发生的项目集合。例如，一个购买了剃刀和须后水的客户可能在下次购物时购买剃须膏。序列节点基于 CARMA 关联规则算法，该算法使用有效的两步法来发现序列。

K-Means 节点：将数据集聚类到不同分组（或聚类）。此方法将定义固定的聚类数量，将记录迭代分配给聚类，以及调整聚类中心，直到进一步优化无法再改进模型。K-means 节点作为一种非监督学习机制，并不试图预测结果，而是揭示隐含在输入字段集中的模式。

Kohonen 节点：会生成一种神经网络，此神经网络可用于将数据集聚类到各个差异组。此网络训练完成后，相似的记录应在输出映射中紧密地聚集，有差异的记录则应彼此远离。用户可以通过查看模型块中每个单元所捕获观测值的数量来找出规模较大的单元。这将让用户对聚类的相应数量有所估计。

TwoStep 节点：使用两步聚类方法。第一步完成简单数据处理，以便将原始输入数据压缩为可管理的子聚类集合。第二步使用层级聚类方法将子聚类一步一步合并为更大的聚类。TwoStep 具有一个优点，就是能够为训练数据自动估计最佳聚类数。它可以高效处理混合的字段类型和大型的数据集。

"异常检测"节点：确定不符合"正常"数据格式的异常观测值（离群值）。即使离群值不匹配任何已知格式或用户不清楚自己的查找对象，也可以使用此节点来确定离群值。

KNN（k-最近相邻元素）节点：将新的个案关联到预测变量空间中与其最邻近的 k 个对象的类别或值（其中 k 为整数）。类似个案相互靠近，而不同个案相互远离。

另外，在 IBM SPSS Modeler 中还提供了 Statitics 模型节点，因此可以通过菜单或者语法的方式调用 SPSS Statistics 的功能，实现经典的统计分析算法。

Statistics 模型 Statistics 模型节点使用户能够通过运行生成 PMML 的 IBM© SPSS© Statistics 程序分析和处理数据。然后，创建的模型块可按常规方式在 IBM© SPSS© Modeler 流中进行评分等操作。

Text Mining Text Analytics for SPSS Modeler 采用了先进语言技术和 Natural Language Processing（NLP），以快速处理大量无结构文本数据，抽取和组织关键概念，并将这些概念分为各种类别。抽取的概念和类别可以和现有结构化数据进行组合（例如人口统计学），并且可用于借助 IBM© SPSS© Modeler 的一整套数据挖掘工具来进行建模，以此实现更好更集中的决策。

IBM© SPSS© Modeler Social Network Analysis 通过将关系信息处理为可包括在模型中的附加字段，导出的关键绩效指标以衡量个人的社交特征。将这些社交属性与基于个人的衡量结合起来，提供对个人的更好概览，因此可提高用户模型的预测精度。

IBM SPSS Modeler 中提供了专门的整体节点，因此可以对多个预测模型按照指定方式进行组合。

整体节点：可结合使用两个或多个模型块，这样所获得的预测会比通过任意一个模型获得的预测更为准确。

通过结合多个模型的预测，可以避免单个模型的局限性，从而使整体准确性更高。一般情况下，以这种方式组合的模型所得的结果不但可以与使用单个模型所得的最佳结果相媲美，而且结果通常会更理想。在 IBM SPSS Modeler 中提供了一些组合模型的方法：投票、置信度加权投票、原始倾向加权投票、调整倾向加权投票、赢得最高置信度。

组件级扩展框架（CLEF）是一种允许向 IBM SPSS Modeler 的标准功能添加用户提供的扩展的机制。扩展通常包含可添加到 IBM SPSS Modeler 中的共享库（例如数据处理例程或建模算法），并且可通过某个菜单上的新条目或节点选项板上的新节点访问该库。

要执行该操作，IBM SPSS Modeler 需要有关该自定义程序的详细信息，例如其名称、应传递给该程序的命令参数以及 IBM SPSS Modeler 如何向程序显示选项和如何向用户显示结果等。要提供此信息，用户应当提供 XML 格式的文件，即规范文件。IBM SPSS Modeler 会将该文件中的信息转换为新菜单条目或节点定义。

使用 CLEF 的好处包括：

（1）提供简单易用、异常灵活且稳定的环境，可供工程师、顾问和最终用户将新功能集成到 IBM SPSS Modeler 中。

（2）确保扩展模块的外观和功能与本地 IBM SPSS Modeler 模块相同。

（3）使扩展节点具有与本地 IBM SPSS Modeler 节点尽可能接近的执行速度和效率。

10. 建模数据集划分

IBM SPSS Modeler 中提供了专门的分区节点，可以将数据集拆分为训练数据集、验证数据集和测试数据集。

分区节点：可生成分区字段，该字段可将数据分割为单独的子集以便在模型构建的训练、测试和验证阶段使用。IBM SPSS Modeler 分区节点具体界面如图 2.14 所示。

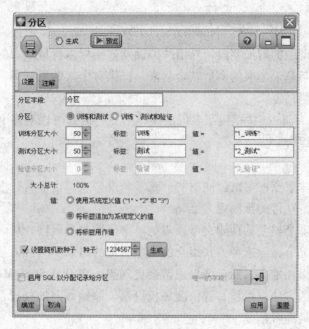

图 2.14 分区节点具体界面

11. 模型参数调整

IBM SPSS Modeler 中几乎所有模型都提供了简单模式和专家模式两种模式，普通用户不需要进行任何参数设置就可以运行模型得出不错的预测结果，而高级用户可以选择专家模式对相应的模型参数进行灵活设置和调整。

12. 模型评估

IBM SPSS Modeler 提供了矩阵节点，用户使用这个节点即可完成混淆矩阵，并列出相应的行百分比、列百分比、总体百分比等细致的指标。

矩阵节点：将创建一个字段关系表。此节点最常用于显示两个符号字段间的关系，但也可用于显示标志字段或数字字段间的关系。

IBM SPSS Modeler 中提供了评估节点，可以对模型评估结果以图形化展示，包括 Gain、Response、Lift、Profit、ROI 等多种图形。

评估节点有助于评估和比较预测模型。评估图表显示了模型对特定结果的预测优劣。它根据预测值和预测置信度来对记录进行排序。它将记录分成若干个相同大小的组（分位数），然后从高到低为每个分位数划分业务标准值。在散点图中，将以单独的线条显示多个模型（图 2.15）。

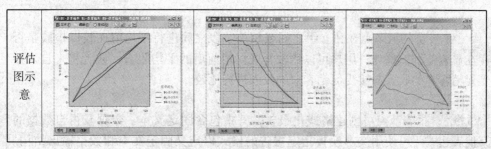

图 2.15　评估结果图形展示

13. 丰富的数据展现和导出功能

IBM SPSS Modeler 的分析结果可以支持多种结果的输出，数据挖掘可以导出到各种格式的数据文件中，包括数据库、文本文件、Excel 文件、XML 文件等。另外，分析结果也可以以文本文件和 HTML 文件进行保存。另外，IBM SPSS Modeler 的结果可以以 PMML 格式进行保留，也可以读取和解析其他数据挖掘工具软件所生成的 PMML 文件。

IBM Cognos BI 导出节点允许用户采用 UTF-8 格式将数据从 IBM© SPSS© Modeler 流导出到 Cognos BI。这样，Cognos BI 可利用来自 SPSS Modeler 的转换或评分数据。

表节点以表格式显示数据，这些数据还可以写入文件中。每当用户需要检查数据值或将其导出为可轻松读取的形式时，该节点便非常有用。

矩阵节点将创建一个字段关系表。此节点最常用于显示两个符号字段间的关系，但也可用于显示标志字段或数字字段间的关系。

"分析"节点评估预测模型生成准确预测的能力。"分析"节点执行一个或多个模型块的预测值和实际值之间的各种比较。"分析"节点也可以对比各个预测模型。

数据审核节点将首先全面检查数据，这些数据包括每个字段的汇总统计量、直方图和分布以及有关离群值、缺失值和极值的信息。结果显示在易于读取的矩阵中，该矩阵可以排序并且可以用于生成完整大小的图表和数据准备节点。

通过变换节点可首先选择以可视方式预览变换结果，然后再将其应用于选择的字段。

统计量节点可提供有关数值字段的基本汇总信息。它可计算单个字段以及字段间的相关性的汇总统计量。

平均值节点在独立组之间或相关字段之间进行平均值比较以检验是否存在显著差别。例如，用户可以比较开展促销前后的平均收入，或者将来自未接受促销客户的收入与接受促销客户的收入进行比较。

报告节点可创建格式化报告，其中包含固定文本、数据及得自数据的其他表达式。可使用文本模板指定报告的格式以定义固定文本和数据输出结构。通过使用模板中的 HTML 标记和在"输出"选项卡上设置选项，可以提供自定义文本格式。通过使用模板中的 CLEM 表达式，可以包括数据值和其他条件输出。

设置全局节点扫描数据并计算可在 CLEM 表达式中使用的汇总值。例如，可以用该节点为一个名为年龄的字段计算统计量并通过插入函数@ GLOBAL_MEAN(age) 在 CLEM 表达式中使用年龄的总均值。

数据库导出节点将数据写到与 ODBC 兼容的相关数据源。要写到 ODBC 数据源，数据源必须存在且用户必须拥有对数据源的写权限。

平面文件导出节点将数据输出到已分隔的文本文件。这对导出可由其他分析或电子表格软件读取的数据非常有用。

SPSS Statistics 导出节点以 SPSS Statistics.sav 格式输出数据。.sav 文件可由 SPSS Statistics Base 和其他产品读取。这种格式也用于 PASW Modeler 中的某些缓存文件。

SPSS Data Collection 导出节点以 SPSS Data Collection 市场调查软件使用的格式输出数据。必须安装 SPSS Data Collection 数据库才可使用此节点。

SAS 导出节点可以以 SAS 格式输出数据，以便读入 SAS 或与 SAS 兼容的软件包中。有以下三种 SAS 文件格式：SAS for Windows/OS2、SAS for UNIX、SAS Version 7/8。

Excel 导出节点以 Microsoft Excel 格式（.xls）输出数据。也可以选择在执行节点时自动启动 Excel 并打开导出的文件。

XML 导出节点将数据以 XML 格式输出到文件。还可选择创建 XML 源节点，以将导出的数据读回到流中。

第四节 Cognos 系列简介

一、Cognos BI 概述

IBM Cognos Business Intelligence 10.1 是最新的商业智能解决方案，用于提供查询、报表、分析、仪表板和记分卡功能，并且可通过规划、方案建模、预测分析等功能进行扩展。它可以在人们尝试了解业绩并使用工具做出决策时，在思考和工作方式方面提供支持，以便人们可以搜索和组合与业务相关的所有方面，并与之进行交互。

（1）查询和报表功能为用户提供根据事实做出决策所需的信息。

（2）仪表板使任何用户都能够以支持其做出决策的方式来访问内容、与之交互，并对其进行个性化设置。

（3）分析功能使用户能够从多个角度和方面对信息进行访问，从而可以查看和分析信息，帮助用户做出明智的决策。

（4）协作功能包括通信工具和社交网络，用于推动决策过程中的意见交流。

（5）记分卡功能可实现业务指标的捕获、管理和监控的自动化，使用户可将其与自己的战略和运营目标进行比较。

1. Cognos Connection

Cognos BI 服务器安装成功之后，我们就可以通过 Web 的方式接入到 Cognos Connction 当中进行设计和管理操作（图 2.16）。

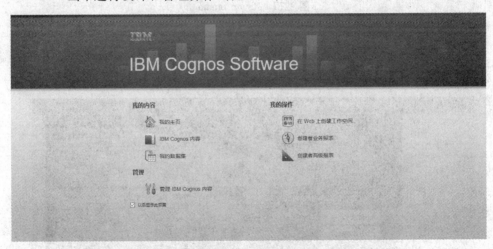

图 2.16 Cognos Connection Software

Cognos Connection 是 Cognos 门户——提供信息的集成和用户访问的统一入口。管理员可以通过它实现用户、角色管理、服务器配置、权限控制等各种管理功能；最终用户可以通过 Cognos Connection 访问到文件夹、报表、个性化展现、访问 Cognos Viewer、Report Studio、Business Insight 和 Event Studio 的内容。

2. 报表管理（Report Studio）

Report Studio 是专业的报表制作模块。报表制作人员可以通过它制作各种类型的报表，包括中国特色的非平衡报表、地图、动态仪表盘、KPI报表等。报表制作人员可以分页面设计，每页可以有多个查询，每个查询可以连接多个数据源，甚至异构数据源。报表的内容采用化繁为简的方式，可以精确控制报表中每一个对象的各种属性（图2.17）。

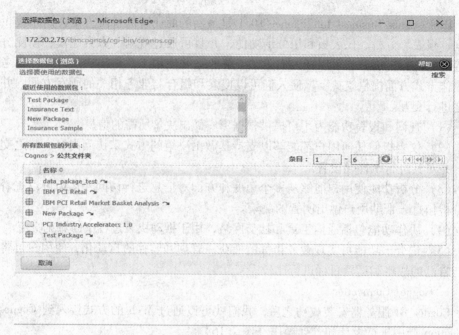

图 2.17　Report Studio

3. 工作区（Workspace）

工作区是创建使用 IBM Cognos 内容的页面，以及根据用户的具体信息需求创建外部数据源的交互工作区网络的产品（图2.18）。

图 2.18　工作区界面

4. Cognos Administration

进入 Cognos Administration 界面，用户就可以执行服务器管理、数据管理、安全和内容管理、活动管理和门户服务管理。此外，用户还可以执行以下管理任务：

（1）任务自动化；
（2）设置环境和配置数据库的多语言报表；
（3）安装字体；
（4）设置打印机；
（5）配置 Web 浏览器；
（6）允许用户接入系列从 IBM Cognos Connection7 报告；
（7）限制访问 IBM Cognos 软件。

除了典型的管理任务，还可以自定义不同 IBM Cognos 组件的外观和功能（图 2.19）。

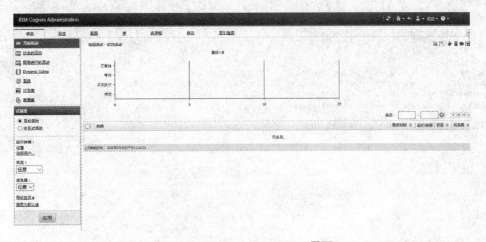

图 2.19　Cognos Administration 界面

二、Cognos Framework Management 简介

Framework Manager 是将数据仓库或者数据立方体中的元数据经过组织发布到 Cognos 设计环境中的工具，如果需要在 Cognos 的 Report Studio 里面设计报表的话，必须要由 Framework Manger 将数据仓库中的数据发布到 Cognos 设计环境（Cognos 商业智能服务器的内容数据库）当中。

可以在 Framework Manager 当中新建工程，并导入数据仓库或者立方体的数据描述。Framework Manager 会自动地将数据描述转化为查询主题显示在工程当中，用户还可以根据已有的查询主题自定义其他的查询主题，或者分级的维度以及和维度相关联的量度。最后可选择的将查询主题或者维度、量度打包并发布到 Cognos 设计环境当中（图 2.20）。

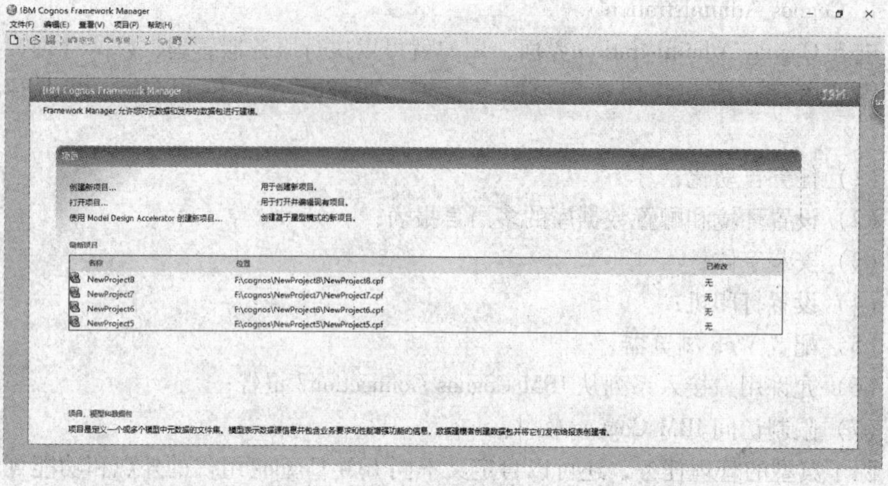

图 2.20　IBM Cognos Framework Management 界面

第三章 预测模型

利用模型去预测未来可能发生的事情，取决于过去数据中的模式。
例如，模型能够对以下情形进行预测：
(1) 客户在下季度流失的可能性有多高。
(2) 客户会成为服务的拥护者还是诽谤者。
(3) 通过预测客户未来的收入来判断其是否会成为重要的客户。

模型的作用和业务规则类似，但是，规则可能基于公司策略、业务逻辑或者其他假设，模型则是建立在对过去结果的实际观测，并且可以发现数据的模式，否则那些模式难以变得显而易见。尽管业务规则让普通业务变得有理可依，但是模型提供了预测力和洞察力。将规则和模型结合起来是一项十分强大的功能。

第一节 数据源

用户需要指定 IBM 预测性客户智能为建模、分析、模拟和测试、评分提供解决方案中需要使用的数据源。

使用 IBM 决策分析管理规划模型并决定使用哪个数据源，在建模的过程中用户需要使用到以下几类数据源：

(1) 历史数据和分析数据：用户需要与预测对象相关的信息来进行建模。例如，如果用户想要预测客户流失，那么用户需要了解客户投诉的历史数据，更新计划的月份数、情绪指数、人口统计数据、收入估计。这通常被称为历史数据或分析数据，并且它必须包含数据建模字段中的全部或部分数据，还要加上记录预测结果的附加字段。这种附加字段通常是建模的目标。

(2) 操作或者评分数据：使用该模型来预测未来的数据，用户需要了解用户感兴趣的人口或某一分类的信息，例如收入要求。这些通常被称为操作数据或评分数据。项目数据模型通常基于该数据。

用户可以使用以下类型的数据源：
(1) 支持 ODBC 的数据库，例如 IBM DB2。
(2) 在 IBM SPSS Collaboration and Deployment Services 中定义了的企业视角。
(3) IBM SPSS Statistics 中应用的文件，例如文本文件（TXT）或逗号分隔的文件（CSV）。

当用户添加新的数据源，需要映射所有的字段，以确保兼容该项目所有的数据模型。例如，如果项目数据模型需要一个购买字段，其值为"是"或"否"的测量级别标志，因此用户使用的任何数据源都必须有一个兼容的字段。如果字段名称不一致，它们应该能够互相映射。注意：输入和相关联的映射字段必须具有相同的数据类型。

用户可以表征每个字段表示的信息。定义测量级别来确定一个给定字段在业务规则、模型或者其他应用中具有什么作用。

通过使用表达管理器，用户可以为相关应用导出附加字段或属性。例如，如果用户使用银行数据，用户可能希望创建显示客户的收入和贷款客户的数量之间比率的表达式，表达式总是数值型的，并且是可以连续测量的，这点不能改变。

要执行合作范围的策略，使用全局选项来选择应用程序包括或者排除掉的记录。例如，用户可能有一个合作范围的策略，以排除信用不良或利用抵押贷款进行付款的客户。全局选择与共享规则结合使用时是非常有作用的。共享规则保存为可以由多个应用程序使用的独立对象。如果共享规则改变了，那么所有使用这种规则的对象都需要更新。

使用 IBM SPSS Modeler 的数据挖掘重点关注一系列数据节点的运行过程，这一过程被称为数据流。这一系列的节点表示要对数据执行的操作，而节点之间的链路表示数据流的方向。通常情况下，用户可以使用数据流读取进入 IBM SPSS Modeler 中的数据，并通过一系列的操作运行，将其发送到目的地，如表或视图。

例如，打开一个数据源时，用户需要添加一个新的字段，基于新字段的值进行选择记录，然后在一个表中显示结果。在这个例子中，用户的数据流包括以下节点：

（1）可变字段节点，从数据源中读取数据。
（2）导出节点，增加新的计算字段到数据集。
（3）选择节点，使用选择标准从数据流中排除记录。
（4）表节点，在屏幕上显示操作结果。

有关这些功能的更多信息，请参阅 IBM SPSS Modeler 的帮助文档（http://www-01.ibm.com/support/knowledgecenter/SS3RA7_16.0.0/com.ibm.spss.modeler.help/clementine/entities/clem_family_overview.htm）。

第二节 电信呼叫中心案例的预测模型

电信呼叫中心案例提供了大量的预测模型。

为安装这些案例，查阅微软操作系统的 IBM 预测性客户智能安装指南（IBM Predictive Customer Intelligence Installation Guide for Microsoft Windows Operating Systems），或者 Linux 操作系统的 IBM 预测性客户智能安装指南（IBM Predictive Customer Intelligence Installation Guide for Linux Operating Systems）。

以下模型组成了电信呼叫中心案例预测模型的基础:
1. 客户流失率模型
从当前的活跃客户列表中可以预测到客户的流失率。
2. 客户满意度模型
通过网络支持者分数来确认客户满意度。
3. 客户关联模型
对客户进行概要分析,并将其进行区间划分。
4. 回复倾向模型
用户可以定义一个指向客户的正确渠道,这一渠道是客户最有可能回复的。

一、客户流失率模型

客户流失率是指用户结束他们的合同或服务的度量。电信案例中的流失率预测模型,是为了从当前的活跃客户中预测哪些客户有流失倾向。

流失预测模型案例中的输入包括投诉历史、多个月以来的客户升级计划、情绪分数、客户人口统计历史、预计收入。预测流失客户的流名为 Churn Prediction.str(图3.1)。

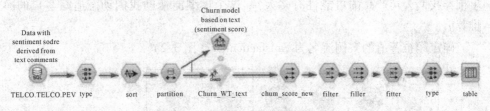

图3.1 计算客户流失率的模型

为流失预测准备的数据从聚集客户的有用信息开始。这些数据从预测流失的分类中获得,包含以下种类:
(1) 交易和结算的数据,例如订阅服务的种类、月均账单。
(2) 人口统计数据,如性别、教育程度和婚姻状况。
(3) 行为数据,如投诉的数据和价格计划改变数据。
(4) 使用数据,如通话次数和短信次数。
为了建模,将数据筛选分为两个阶段:
(1) 与一些客户不相关的数据。
(2) 没有足够的预测意义的变量。
CHAID算法用于预测流失率。CHAID算法来源于决策树。决策树模型中选择了回归分析,因为从决策树得到的规则能帮助更好地理解流失的根本原因。

该情绪指数从客户的意见文本中产生,是客户流失的一个重要指标。情绪指数综合考虑了现有的和历史的情绪指数。在数据理解和建模阶段中,确定了其他的重要预测指标,是预计收入、公开投诉数量、秘密投诉数量、自上次计划升级的时间和客户的受教育水平。随着流失可能性的发生,模型可以计算流失的倾向。流失倾向广泛应用于 IBM 分析决策管理程序。

二、客户满意度模型

电信案例的客户满意度由净推荐值（NPS）来决定。

净推荐值基于一些观点，每个公司的客户可分为三类：

（1）支持者是忠实拥护者，一直购买该公司的产品并促使他们的朋友一同这样做。

（2）中立者对公司的产品满意度一般，没太多热情，很容易在同类竞争产品中摇摆不定。

（3）厌恶者是不满意的客户，与公司的关系不好。

净推荐值通过向一组客户询问同一个问题得到："用户向朋友或同事推荐本公司产品的可能性有多大？"要求客户回答 0~10 分评级量表。根据他们提供的分数，他们会被归类为支持者（如果分数为 9 或者 10），被动者（如果分数为 7 或者 8），厌恶者（如果分数为 6 以下）。

净推荐值的目标是确定显著的客户特征，将其分为三种类型。把净推荐值模型应用于预测客户属于哪种类型，而不需要问他们问题，比如"用户向朋友或同事推荐我们公司产品的可能性有多大？"这个模型能帮助我们动态追踪客户的净推荐值。

确定净推荐值的案例流名为 Satisfaction.str（图 3.2）。

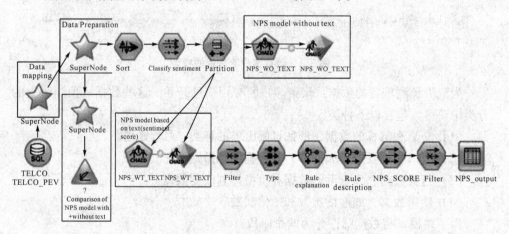

图 3.2 识别客户满意的流

历史数据来源于客户回答的问题案例。对他们来说，没有分数的客户都被认为是需要操作的数据，满意度的组别需要第一次预测。客户满意度模型可以用来预测没有净推荐值的客户分数。

情绪值、公开投诉数量、就业情况和预计收入，是影响满意度组别的预测关键变量。该情绪值专注于捕捉跨多重属性的消极情绪，比如网络和服务。情绪值为零意味着客户没有表示出任何负面情绪，最大的情绪值为 6。

当客户在一个类别中表达了负面情绪并接着又表达大量的积极评论时，尽管接近于零，情绪值是轻度负面。以满意模拟为目的，为避免将客户分类到轻度负面组，情绪值低于 0.6 的客户被划为 0。

三、客户关联模型

关联模型用于分配正确的建议给客户。它使用了客户的分类（例如白金客户），并且预测了净推荐值组别（比如支持者），以确认建议（例如手机计划）。

分类是一个过程，分析具有相似需求的客户群体共有的特点。分析客户的示例流名为 AssoiationModel.str。图 3.3 展示了关联模型案例。

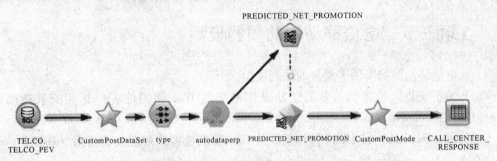

图 3.3　电信案例分析的关联模型

四、客户回复倾向模型

通过正确的渠道提供给客户正确的建议是很重要的。回复倾向模型确认了通向客户的正确渠道，而且确定了客户回复的概率。

确定回复倾向的示例流名为 ResposePropensity.str（图 3.4）。

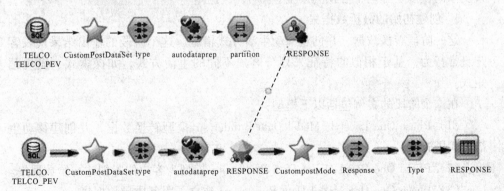

图 3.4　回复倾向模型

用户可以通过这一模型的结果，得到目标客户有可能作出的反应，这是因为客户的值可能高于某个阈值，或者直接忽略客户可能得到的最低利润。

该模型的输入值有人口统计信息、账单历史、客户终身价值、流失率、净推荐值、终身制。客户的前一个提议回复数据可用于输入到当前模型中。历史数据交互点的客户回应的建议是基于训练的模型。

五、分析决策管理中的电信模型

在 IBM 分析决策管理中,用户可以把预测模型和规则联合起来,指定建议,保证与业务目标一致。用户可以通过组合来自预测模型的输出和分配规则来做到这一点。

有两个主要步骤:
(1) 确定需要指派的建议,来确定提供给哪一位享有服务的客户。
(2) 优先建议以确定哪一位客户收到该建议。

第三节 电信移动端的预测模型

电信移动案例提供了大量的预测模型。

为了安装这些案例,参阅微软操作系统的 IBM 预测性客户智能安装指南(IBM Predictive Customer Intelligence Installation Guide for Microsoft Windows Operating Systems)或 Linux 操作系统的 IBM 预测性客户智能安装指南(IBM Predictive Customer Intelligence Installation Guide for Linux Operating Systems)。

电信移动案例包括以下几个模型,汇集了一些数据和 3 个预测模型。

一、用于移动端案例的聚合模型

IBM 预测性客户智能移动案例包括一小部分的 IBM SPSS 模型,在建模过程中的不同阶段收集并编辑了数据,然后用于更多的预测模型,比如流失率模型、接受倾向模型、呼叫中心预测模型。

1. 创建初始的分析数据集

这一阶段转换数据,并创建移动生活方式措施。这个阶段的输出结果代表客户日常行为。基于相似的特征来划分客户不同的生活方式,如探索式、循规蹈矩式。

在这个阶段的案例包括以下模型:
(1) Phase One Lifestyle Model Data Builder.str 模型转换数据,并创建移动生活方式措施。
(2) Phase One Dwell Model Data Builder.str 模型为客户位置创建初始数据集。
(3) Phase One QoS Model Data Builder.str 建立了服务质量数据集。
(4) Phase One Usage Model Data Builder.str 创造了使用分析的中间数据集。

2. 增强数据集

这一阶段的模型用于完成需要分析的使用措施。

例如,Phase Two Usage Model.str 是基于使用类型分割数据(数据、语音和文本),然后使用自动数据准备(ADP)来转换模型以减少任何偏差。最后,计算总的数据、语音和文本消息全部使用值。

Phase Two Location Affinity Data Builder.str:为位置关联创建最终集。

Phase Two Buddy Model Data Builder.str 创建一个表，显示聊天对象，假设两个客户有相同的供应商在何时、何地以及联系频率。

3. 最终分析数据集

这个阶段的模型创建了最终数据集。

例如，Phase Three Location Affinity Analysis.str 为用户位置偏好创建了最终集。例如，模型确认了用户的使用习惯，如周末到达一个地点的频繁程度。

Phase Three Merge Subscriber Data.str 创建了最终客户 ID 等级分析集。

4. 报告、地图和分析

Phase Four Tower Reports.str 显示了 20 个蜂状塔报告，包括每个塔的坐标。

二、预测流失模型

使用移动分析，可以增强现有的流失预测概率。

流失率是客户结束他们的合同或者服务的度量。流失预测模型目的是为了预测现有活跃客户列表中，客户的流失可能性。

为了更好地理解客户的个性化，通过对每位客户的特别度量，是有可能更好地了解他们的未来行为的。移动分析为每位客户创建了唯一的情况，可用作细节上的理解——他们如何使用服务，在使用过程中、生活方式中或者个人偏好中观察客户的变化，这些都能代表流失的过程。

三、呼叫中心预测模型

通过使用中心联系人的详细信息和用户的意见，可以确认客户情绪和联系呼叫中心的倾向。

呼叫中心联系人有不同的来源，如网络互动，语音回复单位交互，或者目前的呼叫中心交互。可通过输入用户评论，来自呼叫中心交谈的记录，社交媒体或者邮件来实现预测。

四、建议接受倾向预测模型

基于各种分类客户的历史回复，建议接受倾向模型预测每位客户接受不同建议的过程。

第四节　零售案例的预测模型

零售案例中提供了许多预测模型。

若要安装示例，请参阅 Linux 操作系统的 IBM 预测性客户智能安装指南，或 Microsoft Windows 操作系统的 IBM 预测性客户智能安装指南。

以下模型是构成预测模型的零售案例的基础。

1. 客户细分模型

客户细分模型通过对人口细分，上网行为细分和购买行为分析来细分客户。

2. 购物篮分析模型

市场购物篮分析允许零售商通过分析历史销售记录和用户的网上浏览行为，深入了解该产品的销售模式。

3. 客户亲和模型

用户可以通过了解客户的人口统计信息来确定客户对产品线的亲和力、购买信息和浏览信息。

4. 响应日志分析模型

响应日志分析模型是通过与来自 IBM 分析决策管理业务规则的建议相比较来获取客户的反映。

5. 价格敏感度模型

价格敏感度是一个产品的价格影响客户的购买决策的程度。

6. 库存建议模型

库存建议模型确定有多余的库存产品，并基于类别的近似程度和库存过剩的组合，为客户提供实时建议。

一、数据准备为零售提供解决方案

通过使用 IBM SPSS Modeler 流处理在线浏览数据。

1. 预处理在线数据

数据预处理流是从一个在线系统中处理客户的浏览数据的行为，并将其加载到数据库表中的格式，这适合建模分析。处理可以在分批处理模式中进行。

用于预处理数据的例子被命名为预处理数据加载 Stream.str。

要获得网上浏览行为数据，部署 Web 分析解决方案。网络分析工具灵活地允许以不同的格式将浏览行为数据导出，如逗号分隔的文件，然后可以在 IBM SPSS Modeler 中进一步分析流。数据类型包括产品浏览，将产品放入购物车，废弃产品，购买的产品，客户浏览网页以及产品类别等。

2. 确定分类相似性目标

相似性分析是一种关系数据分析和数据挖掘技术，由客户表现出的一些行为来体现，是为了了解其他客户的购买行为共性。客户可以在线上线下同时存在。在网上购物，客户可以浏览、搜索和查看不同的产品页面，接着进行购买。范畴相似性模式的目的是通过对其中一个客户在线了解和购买行为的爱好分析，获得关于产品线的信息。

案例中包含的模型流是由类别相似性目标决定的流，名为类别相似目标 Determination.str。

使用类别相似性目标的模型流，可以在网上和店内的历史交易数据中找出以下客户信息：产品浏览、产品购买、产品废弃、被放入购物车产品、现场搜索、页面浏览。

流应分别处理每个活动，让用户可以排列购买商品、浏览、搜索和页面浏览量活动的优先顺序。

数据应分两步进行处理：

（1）数据的聚合应该在产品线级别上完成，这样就可以得到每个生产线上的商品的数量，以及为客户提供商品的行为。

（2）确定客户是否有通过比较某特定产品线的相似性：所购买的每一个类别与项目数、由总人口购买的商品的平均数目。

有些产品更可能大批量购买，而其他一些产品会小批量购买。例如，一个客户可能购买大量可写的 DVD，但他们可能在三年内只购买一台电脑。如果用户使用项目的数量或项目的价值，类别相似性模式会显示几个可选择的产品的偏差。

客户可能搜索具有不同名称的产品，可以使用相关的关键字，或者访问相关网页。预处理流可以处理现有数据来得到相应的产品线的信息和导出该类别下的每个产品线的体积。

当客户搜索具有精确的产品线名称的产品时，一个权重便分配给该产品线。然而，当某个用户搜索了一个超级类别，确定了该超级类产品线的数量，便给超级类别中的所有产品线都赋予相等的权重。例如，一个客户搜索按类别命名的消费电子产品。这是不可能了解的客户搜索信息，因为消费电子产品包含三个产品线，电脑、MP3、智能手机。在这种情况下，所有三个产品线有 1/3 = 0.333 333 333 的权重。

用户可以比较客户的浏览行为、购买行为以便更深入地了解客户。当不存在购买信息时只考虑浏览行为。同样，如果没有浏览行为，可以考虑搜索行为，如果没有搜索的行为，可以考虑页面视图的信息。

二、客户细分模型

当用户定义了客户分类，可将具有类似需求特点的群体划分到同一组别里。

划分用户基于统计数据、上网行为和购买行为，有助于在合适的时间为客户提供合适的建议。

零售案例中确定客户群的示例流被命名为 Customer_Segmentation.str。

1. 人口统计细分

人口统计细分的依据是年龄、性别、婚姻状况、家庭、教育、职业和收入成员的数目。为了通过数据得到有意义的分类，丢失的信息是基于其他变量的。连续变量如年龄和收入被分为更小的组。

当有多个变量需要考虑时，分类是具有挑战性的。K-均值聚类可用于将客户群分成不同的组。与试图预测结果不同的是，K-均值聚类尝试从统计数据中揭示模式，并用于输入。使用这样的方式形成的分类，各个区段内的每个客户都是相似的，存在于其他区段的客户才是不同的。K-均值聚类的多次迭代划分为客户群，用来达到六个组别，并用于定位的广告活动。教育、收入、婚姻状况是前三个变量，以决定客户在其中属于哪个组别。

2. 上网行为细分

在上网行为细分开始前，数据必须有所准备。之后聚合数据显示的趋势在一个特定的会话中为个人客户和总人口分类。

两步集群模型生成的方法是基于在数据准备阶段编制的汇总信息，使用在线浏览历史数据。使用两步聚类方法是因为它可以处理混合的字段类型，并能有效地处理大量的数据集。它也可以测试多个群集解决方案，并选择最好的，所以簇的数量不必在过程的起始点进行设置。不必设置簇的数量是一个重要的特征，因为在线数据在本质上是动态的，而所使用的算法在新用户生成时，必须能够识别新的集群。所述两步聚类方法可设为排除不寻常的情况，即可能变异的结果。由该两步聚类方法形成的集群描述了在网上购买过程中的各个阶段的客户的品质。

3. 购买行为细分

客户的购买历史在由网上和店内收集的。这涉及收集客户所购买产品额外的细节。额外的细节可能包括：当有一个提议被该项目购买的时候，究竟是什么折扣？什么是卖产品的保证金？此信息用于导出多个变量，如所购买的物品在这两个渠道、折扣和常规的购物过程中的平均购买值和平均数量。

过去的购买行为有助于预测客户购买商品的可能性，以及对各种优惠的反应。过去购买行为也有助于预测的活动更适合客户。一个 K-均值聚类模型用于推导的各个环节是根据该客户在线上及线下支付的交易过程，以及在订单交易期间的购买行为，或在其他时间的购买行为。该模型确定了两个集群主要为线上的客户，三个集群主要为线下的客户。对于网上和实体店集群，一个段被确定为报价寻觅者。网上报价一般的寻觅者购买高价值的物品和实体店优惠寻觅者通常购买低价值的物品。没有接受报价的寻觅者通常购买高价值的物品。

三、购物篮分析模型

购物篮分析模型允许零售商通过分析历史销售记录和用户的网上浏览行为，以深入了解该产品的销售模式。

购物篮分析是用来提高营销效果，并通过给正确的客户合适的报价，提高交叉销售和向上销售的机会。对于零售商，良好的促销活动可以增加收入和利润。市场购物篮分析模型的目标是确定客户可能有兴趣购买或浏览的下一个产品。

购物篮分析是对零售商相关产品的历史交易进行分析。关联规则是通过使用特定项目的频率组合产生的。选择具有高级提升力、信任度和支持的规则进行部署。

对于购物篮分析的例子流的名称如下：① Market_Basket_Analysis_Product_Recommendations.str，② Market_Basket_Analysis_Export_to_Table.str，③ Market_Basket_Analysis 产品 Lines.str。输入流是购买浏览产品的类别。输出是 IBM 分析决策管理用于提供客户一个合适的报价。

购物篮分析的在线零售商需要两种类型的数据：销售交易数据和客户的在线浏览行为数据。这是在数据处理步骤中制作的在线数据，它提供了关于在线购买和浏览的信息。

一个 Apriori 算法是用来寻找不同的产品类别之间的关联规则。购物篮分析是分开进行的，以找到在商店购买哪些浏览产品以及网上购买产品的产品之间的关联。浏览行为数据进行汇总可以得到所有由客户购买的产品和所有由客户浏览的产品。然后 Apriori 算法应用于聚合数据，以找到不同的产品类别之间的关联对那些购买的产品和提供浏览的产品的影响。有关 Apriori 算法的详细信息，请参阅 IBM SPSS Modeler 用户指南（http://www01.ibm.com/support/knowledgecenter/SS3RA7_16.0.0/com.ibm.spss.modeler.help/clementine/ understanding_modeltypes.htm? LANG = EN）。

四、客户亲和模型

用户可以通过了解客户的人口统计信息、购买信息和浏览信息来确定客户对产品线的亲和力。

确定产品线的亲和力和产品选择，客户的零售案例中的示例流命名为 Category_Affinity_MBA_Segmentation.str。

亲和度模型的输入是为了输出亲和度确定的目标模式、客户细分模型和在线事务数据。模型的输出存储在中间数据库表中，并包含有关产品线客户最感兴趣的客户段和客户市场购物篮的信息。这个输入使用逻辑回归算法。逻辑回归是用于基于输入字段的值记录进行分类的统计技术。因为目标有多个产品线，所以采用多项模型。模型输出存储在 CUSTOMER_SUMMARY_DATA 数据库表以及 IBM 分析决策管理应用中被使用。

五、响应日志分析模型

响应日志获取客户的反应与建议与 IBM 的分析决策管理业务相比，响应日志记录了客户的反应与建议。

响应日志给出的建议数量是由客户提供的形式来接受提供或拒绝提供。此信息记录在 IBM SPSS 协作和部署服务系统中的表形式的 XML 响应日志中。响应日志分析模型的目的是发现以下信息：

（1）客户转换为买家。

（2）哪些 IBM 的分析决策管理规则触发高转化率，确定有高影响的业务规则。

响应实例日志分析模型的示例流被命名为 ResponseLog_Model.str。

输入产品反馈日志，日志的响应。

使用下面的模型：①自学响应模型（Self-Learning Response Model，SLRM）算法；②贝叶斯网络算法。

响应日志数据由响应服务抓取。响应服务日志的所有客户对 IBM SPSS 协作和部署服务系统表用 XML 标记的形式展现。日志中包含的客户反应，如接受提议、提出的报价、客户人口统计、实际利润，接受 IBM 提供的分析决策管理规则和其他元数据。

类似的方法可以用来记录客户对每个产品线的文本格式，并给出产品的反馈。此数据由 XQuery 查询，查询和查询 XML 数据的集合函数式编程语言。然后加载到一个视图和数据中，并以此作为建模的数据来源。

自学响应模型（SLRM）算法用于预测最适合提供给客户的产品和客户人口统计数据。通过使用 SLRM 节点，可以建立一个模型，随着一个数据集不断更新或被重新估计，而无需使用完整的数据集重建模型，该模型预测哪些报价对客户最合适，并预测被接受报价的可能性。这个模型预测提供最适合客户和预测提供了被接受的概率。模型还分析 IBM 分析决策管理规则，以确定哪些是最有效的规则。

六、库存建议模型

零售商通常有库存过剩的问题，由于产品变得过时，库存的价值迅速贬值。为了防止这个问题，零售商使用相应的优惠策略，以清除多余的库存。基于库存的建议模型识别产品过多的库存，然后使基于类的亲和力和库存过剩的组合，为客户提供实时建议。

基于库存的建议模型流命名为 Suggestion.start。

模型的输入为在线交易数据、物理存储和产品的细节，包括当前的库存。把产品名称、价格和成本数据输出给客户。

该模型使用时间序列建模的建模技术，并使用 IBM SPSS Modeler 导出的库存分析节点的功能。

1. 库存预测

可以提前一个星期预测产品的需求。

采购是通过客户每天在店内和网上产品需求信息的聚合。这个信息被用作时间序列建模的输入。在时间序列模型中，IBM SPSS Modeler 专家选项被选中，这样选择的最佳拟合模型是根据他们的个人特征设计每个产品。

2. 库存成本分析

你可以计算出多余的库存持有成本。过多的库存是由使用现货、预测需求的考虑和需求的变化来确定。

过剩库存=现货 − 预测需求 − 对服务水平要求的 Z 评分×预期需求的差异

现货由产品表中包装尺寸得出。时间序列模型可以得到接下来七天的预测需求。通过使用聚合节点计算一天的标准偏差，得到所有产品的标准偏差值。再利用方差除以长度（七天）方差乘以 SQRT（7）。在较长时间内方差是加成预期每天的方差，标准差是方差的平方根。那么持有成本取为全部，即过剩的库存产品成本的 25%。

3. 实时建议

当客户在 IBM 分析决定管理系统中输入数据，客户的生产线实时选择中亲和力最高。如果有一个产品在生产线有多余的库存，则把该产品推荐给客户。如果客户客户亲和力高的产品线库存不足，那么默认的产品，它具有所有产品线最高的持有成本，并把其推荐给客户。

七、零售案例中的部署模型

得分流的预测模型是基于零售中描述的案例研究。得分流使用相同的输入作为 IBM 的分析决策管理应用程序。

在零售案例中，有三个得分流：

（1）在线行为细分。

（2）浏览购物篮分析在产品层面的客户。

（3）购买购物篮分析在产品层面的客户。

执行市场购物篮分析，必须查找产品的价格信息表或产品的市场购物篮分析的建议。在一个实时评分服务中，这是不可能的，所以要使用脚本。把信息，比如价格和成本，填充到查找表中使用这些脚本。有两种方法来执行该脚本。

选择工具→流的属性→执行。示例脚本运行产品表格的输出节点，该节点能在产品的价格、成本和物品全称上提供信息。然后脚本会删除现有的查询表，并创建基于产品表输出的新的查询表下一行；第二种执行方法是创建一项作业，并通过在网页服务中使用该项作业的 URI 来调用脚本。

八、使用零售案例模型分析 IBM 决策管理

在 IBM 分析决策管理中，可以结合预测模型与规则来分配符合的业务目标。组合选择和分配规则，可以基于简单的属性，如年龄或工作状况，或基于预测模型的输出。

零售案例的分析决策管理应用程序名为零售促销活动，并在零售场景设计的营销活动中管理。它由两个分析决策模型进行，一个模型进行在线促销活动，另一个模型进行店内促销活动。

1. 线上促销活动

线上促销活动的目的是针对特定的客户群。

所使用的应用程序的数据，包括人口、行为数据、购买历史和属性，如段的会员和类别亲和力是从预测模型得出的。

2. 店内促销活动

店内促销活动围绕业务目标展开，如减少库存是通过特殊促销活动或奖励最忠诚的客户来实现的。

3. 输入到分析决策管理应用程序

IBM 的分析决策管理应用程序使用以下预测模型的输出作为输入：

（1）类别亲和力模型输出

该客户喜欢特定产品线的概率。

（2）细分模型输出

人口结构，上网行为和购买行为分类输出。

（3）购物篮分析的输出

市场购物篮分析的输出基于浏览和购买。

第五节　保险案例的预测模型

保险案例中使用了很多预测模型。

安装案例，可参考微软 Windows 操作系统 IBM 预测性客户智能安装指南，或 Linux 操作系统 IBM 预测性客户智能安装指南。

下面的模型是在保险案例中的预测模型基础上得出：

1. 客户分割模型

根据客户的经济复杂度将客户细分。这种模型使保险公司能出售定期保险给合适的人。

2. 客户流失预测模型

通过利用客户信息，如家庭和金融数据、交易数据和行为数据等信息预测客户流失倾向。

3. 客户终身价值模型（CLTV）

客户终身价值模型基于客户给公司带来的收入、保持使用定期险的成本、维护客户的成本、客户在将来使用定期险的可能性来预测客户终身价值。

4. 活动反馈模型

预测客户将回应目标报价的可能性，因此用户只是向反应倾向高于某一特定阈值的客户发送报价。

5. 自动流失模型

预测客户可能会从当前的活动客户列表中流失。这种模型只考虑拥有汽车定期险的客户。

6. 人生阶段模型

根据客户目前的生活阶段将他们分组，这将有助于根据他们当前的生命阶段所在的客户段推荐准确的定期保险。

7. 购买倾向模型

识别购买人寿保险的客户，判断其在哪个生命阶段的客户段中，其中在"生命阶段客户段模型"中定义客户段。

8. 保单推荐模型

基于历史数据，通过考虑一些因素，如客户在不同生命阶段的客户段的网络活动数据以及人寿保险购买倾向建议正确的保险单。

9. 数据处理模型

通过客户访问保险公司网站来获得转换和聚集数据，以便它可以被用来定义规则，为每个客户推荐正确的定期保险。

10. 社群媒体分析模型

从客户的社交媒体帖子中提取客户生命阶段事件信息。

11. 情绪评分模型

从记录客户投诉时的评论中提取情绪得分。

一、保险案例中使用的数据

在保险案例中,保险公司经营多种业务,一般使用下列类型的数据。

1. 客户主数据

客户主数据包括客户的人口统计数据、就业和收入数据,以及有关家庭的信息。POLICYHOLDER 和 HOUSEHOLD 捕获大部分数据。一般情况下,主数据管理系统是客户主数据的来源。

2. 客户策略数据

客户策略数据包括汇总客户信息,如客户所拥有的保单数量和类型、客户支付的全部保费、平均索赔金额、客户使用时间的长短、投诉的数量、索赔的数量和客户的情绪数据。POLICYHOLDER_FACT 和 POLICY_FACT 捕获大部分数据。

3. 客户交易数据

客户交易数据包括客户所有的交易数据,如购买保单的数据,这些保单的成立和到期/更新日期数据,有关客户在过去的所有投诉的数据,与客户有关的所有投诉的数据。POLICIES,CLAIMS,COMPLAINTS,COMPLAINT_DETAILS 表包含这些数据。

4. 客户社群媒体数据

除了企业内部可获得的客户数据,保险机构也希望从外部来源的数据中获取洞察。例如,在社会化媒体渠道中,关于客户在保险公司购买保险的经历,以及关于他们的需求和生活事件的留言,这些可能会产生一个机会,以便出售适当的保险产品。SMA_DATA 和 SMA_DATA_ANALYSIS 表捕获这样的外部数据,并对这一社会媒体数据进行归纳分析。

5. 客户网络浏览数据(customer web browsing data)

许多保险机构允许他们的客户通过他们的网站在线购买或查看他们的保险产品。技术使网上跟踪客户的活动具有可能性,给保险机构至关重要的洞察,主要是关于客户在当前对特定保险产品的兴趣。网络分析工具可用于分析客户在网站上的活动,并使用此信息与其他客户数据进行比较,以便在正确的时间给客户正确的建议。ACTIVITY_FEED_DATA,ONLINE_BROWSING_HISTORY 和 ONLINE_BROWSING_SUMMARY 表包含客户的网络活动数据。

二、客户分割模型

当用户定义客户细分时,用户将具有相似的需求特性的客户分到同一个客户群中。在保险的案例中,客户根据自己的财务复杂度被划分。

客户被细分为复杂类别和新手类别。这意味着,保险公司可以针对每一个客户段结合交叉销售保险,可以适当提高交叉销售活动的有效性。

定义客户段的实例流名称为 Segmentation.str。

该模型采用的是两步聚类。

实例分割模型的输入是客户主数据和客户策略数据,特别是:

(1) 人口统计数据：年龄、性别、婚姻状况、就业状况。
(2) 保险单相关数据：保险额度、保单、保费、使用权、保险分。
(3) 财务数据：收入、退休计划、家庭拥有状况、车辆所有权。

汇总这些输入，读取每个记录。基于距离准则，两步聚类算法决定是否应该与现有的集群合并，或用于生成一个新的集群。如果簇的数目变得太大（用户可以设置的最大数目），则距离标准增加，以及集群的距离小于修改距离标准而被合并。通过这种方式，记录就聚集在一组初步的单通数据集群中。

三、客户流失预测模型

客户流失预测模型通过使用客户的信息，如家庭和金融数据、交易数据和行为数据，预测客户流失倾向。

客户流失预测模型的输入是过去调查中的客户的人口统计数据、保险单、保费、使用时长、索赔、投诉和情绪得分等数据。

预测客户流失的案例流为 churn.str。

为客户流失预测的数据准备开始于聚合所有可用的客户信息。预测的客户流失的数据被分为以下几类：

(1) 人口统计数据，如年龄、性别、教育、婚姻状况、就业状况、收入、家庭拥有状况、退休计划。
(2) 保单相关的数据，如保险额度、在家庭中拥有的保单数、家庭中保险使用时长、保费、可支配收入和投保的车。
(3) 索赔，如索赔结算时间、提交和否认的索赔数量。
(4) 投诉，如公开和关闭投诉的数量。
(5) 调查情绪数据。情绪分数通过两方面来获得，分别是从过去的调查中抓获的最新的数据以及平均注意力得分。注意力得分仅来自客户的负面反馈。如果客户的注意态度是零，客户就更满意，而随着数量的增加，满意度会降低。

卡方自动交互检测（CHAID）算法用于预测客户流失。CHAID算法是一种分类方法，通过采用卡方统计建立决策树，找出最佳的位置分离决策树。CHAID模型输出的是决策规则、决策树和预测的重要性图。这个输出显示给用户一个结果，即客户流失中，哪一个预测因素是最重要的。例如，最重要的预测因素可能是 HOUSEHOLD_TENURE, LATEST_NOTE_ATTITUDE 和 NUMBER_OF_POLICIES_IN_HOUSEHOLD。

四、客户终身价值模型（CLTV）

保险示例使用客户终身价值模型（CLTV）了解客户盈利能力。

CLTV 是一种常用的方法，用来确定每个客户的货币价值。它可以帮助保险公司确定必须花多少钱来获取或保留客户。CLTV 是指一个客户随着时间的推移对业务贡献的预期净利润。在如何计算客户终身价值方面，先进的分析提供了新的洞察。

案例流为 cltv.str。

该模型的输入是客户的人口统计数据、保单、保费、使用时长、保单维护成本、投诉和客户调查的情绪。CLTV 由客户每月的保证金金额和客户可能在任何一个月流失的概率确定。客户在高利润的金额和低流失率的情况下有较高的客户终身价值（CLTV）。

CLTV 由以下公式推导：

$$\sum_{i=1}^{n} \frac{\text{NetProfit} * C_i}{(1+d)^t}$$

NetProfit：净利润

C_i = 客户 i 在 t 时刻可以产生收入的概率；

N = 期间总数；

d = 月贴现率；

t = 现金流时间。

C_i 的概率可以通过使用 Cox 回归估计。Cox 回归分析是考察几个变量在指定事件发生时的效果的一种方法。在客户流失的结果下，这称为客户存活分析的 Cox 回归。

CLTV 计算考虑以下：

（1）给 Cox 模型赋值，考虑客户过去的"生存"时间，并且预测 1~5 年的客户流失率。

（2）净利润值通过以下表达式获得。

NET_PROFIT =（TOTAL_PREMIUM – MAINTENANCE_COST）* 12

净利润 =（所有的保费 – 维护费用）* 12

· 客户终身价值来源如下：

CLTV =（NET_PROFIT * C1/（1 + 0.12））

+（NET_PROFIT * C2/（1 + 0.11）** 2）

+（NET_PROFIT * C3/（1 + 0.1）** 3）

+（NET_PROFIT * C4/（1 + 0.09）** 4）

+（NET_PROFIT * C5/（1 + 0.08）** 5）

+（NET_PROFIT * POLICYHOLDER_TENURE）

POLICYHOLDER_TENURE：投保人使用年限

CI =（1,2,3,4,5）是更新概率，这是客户未来可以带来的价值。最后一项是一个客户的历史价值和当前价值。

· CLVT 的值通过使用下面的计算进一步被分为低、中、高三类：

CLTV_CAT =

if CLTV <= 30 083.625 then 'LOW'

elseif CLTV > 30 083.625 and CLTV <= 46 488.000 000 000 007 then 'MEDIUM'

elseif CLTV > 46 488.000 000 000 007 then 'HIGH'

else 'LOW'

Endif

五、活动反馈模型

向正确的客户提供有针对性的报价是促销计划和活动设计的一个重要部分。保险案例使用活动反馈模型预测客户反馈有针对性的报价的概率。

该活动反馈模型有助于向特定的客户发送报价，这类客户的反应倾向高于特定的阈值。

预测客户的响应一个活动案例流为 Campaign Response Model.str。

模型的输入是客户先前的报价反馈数据，该模型是基于该数据进行训练的。

基于以前的活动数据，决策列表算法用于识别反馈度较为良好的客户特点。该模型生成的规则是通过一个二进制（1 或 0）的结果表示一个更高或更低的可能性。活动反馈模型只考虑保险公司目前拥有的客户，而不是流失的客户。

六、人生阶段模型

保险示例使用年龄段模型根据用户当前的人生阶段进行分组。

将客户分为当前生命阶段的例子流为 Lifestage Current Segment.str。

该模型使用简单的规则，以获得目前客户的人生阶段的客户段。定义段的一些例子有：①新婚；②年轻家庭；③年轻和富裕；④单身；⑤离异。

七、购买倾向模型

保险示例利用 Apriori 模型将客户购买人寿保险的倾向按人生阶段分类。

案例流为：Buying Propensity_Model.str。

Apriori 模型是一个从数据中提取关联规则的关联算法。该算法使用过去的保险单购买数据以及为每个客户生命阶段级别的保单提供购买倾向评分。输出被进一步处理成一个概要格式，然后通过 IBM 分析决策管理提供合适的报价给客户。

八、保单推荐模型

保险案例采用保险单推荐模型，为客户推荐正确的保单。

案例流为 Insurance Policy Recommendation.str。

保险政策推荐模型比较的保险政策，保单推荐模型把顾客浏览的保险政策与对顾客人生阶段有更高购买趋势的保险政策单进行比较。

保险单推荐模型将客户浏览的保险单与客户人生阶段中有较高的购买倾向的保险单列表进行比较。该模型根据这一数据向客户推荐正确的保单。

九、数据处理模型

保险示例使用 Data Processing Stream.str 流转换和汇总客户在保险公司网站上的活动数据。

为了获得在线浏览行为数据，需要部署一个网络分析解决方案。

流在一个网络分析工具中预处理活动的数据，并将其加载到一个易于分析的表格中。转换后的数据存储在 ONLINE_BROWSING_HISTORY 表中。

十、社群媒体分析模型

用户可以使用社交媒体来获得对客户有价值的洞察。保险案例采用了 SMA 文本分析模型,从社会媒体信息中提取信息。IBM 预测客户智能不检索社交媒体数据,该方案假设社会媒体的数据是可用的。

SMA 文本分析模型采用文本分析法来读取社会媒体数据,并提取人生阶段的事件信息。人生阶段事件的一些例子如:新生儿出生、新的工作、新的房子、生日、结婚等。这些信息被用来帮助建议适当的保险单给客户。

十一、情绪评分模型

呼叫中心代理的客户交互活动是一个可以用来确定客户的满意度水平的有价值数据来源。保险案例使用的情绪评分模型从记录客户投诉时的评论中提取情绪得分。输入的是客户投诉细节。

提取情感得分的案例流为 Sentiment.str。

文书分析模型读取客户投诉细节,并从信息中提取有意义的词汇和概念。消极的概念是用来推导的情绪得分。情感得分反映了客户在抱怨时所使用的负面词汇的数量。

例如这些概念:"坏""不可访问""慢""错误"。

十二、保险数据模型

在 IBM 预测性客户智能中用于预测模型的历史数据存储在 IBM DB2 数据库中。

预测企业视图(PEV)的数据通过数据的实时评分服务创建。数据库视图(DB 视图)也被创建用于 IBM SPSS Modeler 中的流。表 3.1 描述了部分预测企业视图和数据库视图的一些数据列。

表 3.1   保险案例中的关键数据列

名称	描述
年龄(AGE)	投保人的年龄
客户终身价值(CLTV)	客户终身价值
教育(EDUCATION)	投保人的受教育程度
就业现状(EMPLOYMENT_STATUS)	人的就业状况
性别(GENDER)	人的性别
收入(INCOME)	投保人的年收入
婚姻状况(MARITAL_STATUS)	人的婚姻状况
维护费用(MAINTENANCE_COST)	维持保单的成本

表3.1（续）

名称	描述
保单持有月数（MONTHS_SINCE_POLICY_INCEPTION）	投保人从保单生效开始持有保单时长
无索赔请求的月数（MONTHS_SINCE_LAST_CLAIM）	从投保人最后一次提出索赔到现在为止有几个月
索赔被拒绝数量（NUMBER_OF_CLAIMS_DENIED）	被拒绝索赔的数量
索赔成功数量（NUMBER_OF_CLAIMS_FILED）	被归档的索赔的数量
索赔结算持续时间（CLAIM_SETTLEMENT_DURATION）	索赔开始的日期和索赔结束的日期之间相隔多少天，根据索赔现状确定客户满意度
投诉量（NUMBER_OF_COMPLAINTS）	投保人提交的投诉数量
关闭投诉量（NO_OF_CLOSED_COMPLAINTS）	已关闭的投诉数量
开启投诉量（NUMBER_OF_OPEN_COMPLAINTS）	开启的投诉数量
最近的注意态度（LATEST_NOTE_ATTITUDE）	最后一次沟通的态度
平均注意态度（AVG_NOTE_ATTITUDE）	平均沟通注意态度
保单量（NUMBER_OF_POLICIES）	投保人拥有多少份保单
保单持有者ID（POLICYHOLDER_ID）	任何值，没有商业意义，唯一区分这个实体的信息
保单ID（POLICY_ID）	任何值，没有商业意义，唯一区分这个实体的信息
保单类型（POLICY_TYPE）	指示该保单类型，例如：固定期限和弹性项
车辆所有权（VEHICLE_OWNERSHIP）	指示该保单持有人是否拥有车辆
车辆类型（VEHICLE_TYPE）	车辆的类型
车辆型号（VEHICLE_SIZE）	车辆型号
房屋所有权情况（HOME_OWNERSHIP_STATUS）	住宅租赁状况
保险业务量（INSURANCE_LINES）	投保人持有保险产品的种类
保险评分（INSURANCE_SCORE）	根据信用评分以及如索赔申请历史等其他因素，得出的保险评分
人寿保险客户（LIFE_CUSTOMER）	指示客户是否拥有人寿保险单

表3.1(续)

名称	描述
非寿险客户 （NON_LIFE_CUSTOMER）	指示是否一个人拥有非寿险保单
孩子数量 （NUMBER_OF_CHILDREN）	投保人有几个孩子
投保车的数量 （NUMBER_OF_INSURED_CARS）	投保人在保险公司投保的车的数量
投保人使用年限 （POLICYHOLDER_TENURE）	投保人使用该保险公司的产品年限
保费总额 （TOTAL_PREMIUM）	在所有的保单中由投保人支付给保险公司的保费总额
退休计划 （RETIREMENT_PLAN）	投保人退休计划的名称
家庭孩子数量 （HOUSEHOLD_NUMBER_OF_CHILDREN）	家庭子女数量
家庭投保汽车数量 （HOUSEHOLD_NUMBER_OF_INSURED_CARS）	家庭在保险公司投保的汽车的数量
家庭保单数量 （NUMBER_OF_POLICIES_IN_HOUSEHOLD）	家庭保单数量
家庭投保年限 （HOUSEHOLD_TENURE）	一个家庭在其客户状态的年数
家庭保费（HOUSEHOLD_PREMIUM）	家庭支付给保险公司的保费总额
家庭可支配收入 （HOUSEHOLD_DISPOSABLE_INCOME）	家庭可以在支付完如租金、按揭还款等的款项所有固定费用后剩余钱的数额

第六节 银行案例的预测模型

部分预测模型用于银行案例，用户可以通过安装获得银行案例。
银行案例中，以下模型构成预测模型的基础：
（1）亲和力分类模型
预测客户会对哪些产品或服务最感兴趣。
（2）客户流失率模型
预测客户是否想要更新家庭保险政策。
（3）拖欠信用卡模型
预测客户是否有拖欠信用卡债务的趋势。
（4）客户分类模型
根据客户相似的特点划分客户群，如中等收入的受教育年轻人或中年富有者。

（5）序列分析模型

基于客户所购买的产品，预测推荐给客户的优惠信息。

一、亲和力分类模型

用户可以通过了解客户的人口信息、购买信息和浏览信息来确定客户对产品线的亲和度。

亲和力分类模型使用客户交易数据作为输入（交易数据、商品、分类、价格）和预测客户的亲和力类型。该模型使用了一个逻辑回归模型。逻辑回归根据输入的值分类记录。

决定客户对生产线的亲和度的案例流名称为 Category Affinity.str，其输出是一个确定客户购买产品可能性的预测性分数。

二、客户流失率模型

在银行案例中的流失模型用于预测客户是否有更新家庭保险政策的倾向。

在银行案例中预测客户流失率模型的案例流名称为 Churn.str。

这个流失模型把多个变量纳入考虑中。例如，客户每月的保险费、目前已投保的月数、保险失效的月份、更新保险的月份、婚姻状况、收入和年龄等。该模型使用 CHAID 算法。

三、拖欠信用卡模型

拖欠信用卡模型用于预测客户是否有拖欠信用卡债务的趋势。

用于预测客户是否会拖欠信用卡债务的案例流名称为 Credit Card Default.str。该模型使用的客户信息有年龄、受教育程度、工龄、收入、住址、信用卡债务、其他债务和该客户过去是否有拖欠债务记录等。该模型使用贝叶斯网络算法。

四、客户分类模型

当用户需要定义客户群时，用户会把有相似需求特征的客户归为一体。

在银行案例中客户分类流名称为 Customer_Segmentation.str。模型输入的是客户信息，如年龄、受教育程度、工龄、住址、收入和债务收入比等。该模型使用两步模型的集群方法把客户划分为不同的群体，如中等收入的受教育年轻人或中年富有者。使用两步模型中的集群方法是因为它能够解决混合字段类型和大型数据集。

五、序列分析模型

序列分析模型基于客户所购买的产品，推荐给客户相应的优惠信息。例如，一个客户刚取得抵押贷款，可能会想要购买房屋保险。一个刚购买旅游保险的客户可能需要激活信用卡的全球使用功能。

序列分析使用序列模型，该模型发现序列型或面向时间型的数据模式。这个模型检测频繁出现的序列，并建立一个用于形成预测的生成模型节点。

用于序列分析的案例流名称为 Sequence Analysis.str。

六、训练预测模型

必须把预测模型训练得能够辨别数据的有用性。当预测模型提供用户一个精确的预测，用户就可以使用预测模型来做实时评估了。

使用一套训练数据来建立预测模型，并且使用数据测试集来确认使用训练数据建立的预测模型的有效性。

模型必须定期用新的数据集来重新训练，为改变行为模式作调整。通过查看 IBM SPSS Modeler Help 获取更多使用 IBM SPSS Modeler 的信息。

七、评估模型

评估模型意味着该模型能够通过输入的数据获得一个结果或预测，用于决策。

该评估结果能够表现在数据库表或普通文件中，或被输入到应用程序的驱动决策中的分群、选择和分配规则，这都取决于该应用程序。

查看 IBM SPSS Collaboration and Deployment Services Deployment Manager User's Guide 来获得更多信息。

八、商务规则模型

使用 IBM Analytical Decision Management 把公司商务规则、预测模型和优化集中在一起，通过预测模型获取的洞察能够被转换成特定的行为。

用户可以把规则和预测模型结合到一起来分配与商业目标一致的优惠信息。完成此项工作，使用在预测模型输出结果的基础上的选择和分配规则的结合。

用户所采取的步骤为：

（1）定义可能采取的行为。

（2）如果一个客户对服务不满意，用户应该说些什么。

（3）分配优惠信息。

（4）哪一类客户是哪一种优惠的最佳人选。

（5）优先决定了客户会接受哪一类优惠。

九、部署

用户可以把应用程序部署到一个测试环境或一个现实产品环境中，例如一个呼叫中心或一个网页。用户也可以把应用程序部署为利于批量处理的形式。

用户可以在 IBM SPSS Modeler 存放处部署一个流。被部署的流能被多个用户通过企业进入，也可以自动评估和更新。例如，一个模型能够在定期间隔中自动更新为一个新的可用数据。

第四章　预测性客户智能平台系统的基础操作

第一节　数据库连接操作

一、实验目的

1. 掌握 ODBC 数据源的配置过程；
2. 掌握 IBM SPSS Modeler 与 DB2 连接过程；
3. 掌握 IBM Cognos BI Server 的 ODBC 连接配置过程；
4. 掌握 IBM Cognos BI Server 的 JDBC 连接配置过程。

二、实验原理

1. ODBC 数据库接口（图 4.1）

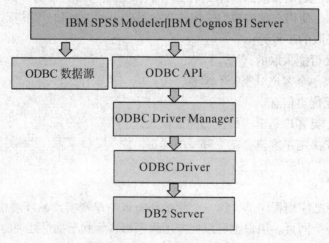

图 4.1　ODBC 数据库接口

开放数据库连接（Open Database Connectivity，ODBC）是微软公司开放服务结构（Windows Open Services Architecture，WOSA）中有关数据库的一个组成部分，它建立了一组规范，并提供了一组对数据库访问的标准 API（应用程序编程接口)。这些 API 利用 SQL 来完成其大部分任务。ODBC 本身也提供了对 SQL 语言的支持,用户可以直接将 SQL 语句发送给 ODBC。ODBC 是 Microsoft 提出的数据库访问接口标准。开放数据库互连定义了访问数据库 API 的一个规范,这些 API 独立于不同厂商的 DBMS,也独立于具体的编程语言。

ODBC 包括四个层次:

(1)应用层,比如 IBM SPSS Modeler 和 IBM Cognos BI Server:①请求与数据源的连接和会话(SQLConnect);②向数据源发送 SQL 请求(SQLExecDirct 或 SQLExecute);③对 SQL 请求的结果定义存储区和数据格式;④请求结果;⑤处理错误;⑥如果需要,把结果返回给用户;⑦对事务进行控制,请求执行或回退操作(SQLTransact);⑧终止对数据源的连接(SQLDisconnect)。

(2)ODBC API,为应用层提供了统一的应用编程接口 API,使得应用层不用关心底层的数据库,只需要调用相应的 API 就可以与数据库进行交互。

(3)驱动程序管理器(Driver Manager)

由微软提供的驱动程序管理器是带有输入库的动态连接库 ODBC.DLL,其主要目的是装入驱动程序,此外还执行以下工作:

①处理几个 ODBC 初始化调用;

②为每一个驱动程序提供 ODBC 函数入口点;

③为 ODBC 调用提供参数和次序验证。

(4)驱动程序(Driver)

驱动程序是实现 ODBC 函数和数据源交互的 DLL,当应用程序调用 SQL Connect 或者 SQLDriver Connect 函数时,驱动程序管理器装入相应的驱动程序,它对来自应用程序的 ODBC 函数调用进行应答,按照其要求执行以下任务:

①建立与数据源的连接;

②向数据源提交请求;

③在应用程序需求时,转换数据格式;

④返回结果给应用程序;

⑤将运行错误格式化为标准代码返回;

⑥在需要时说明和处理光标。

IBM SPSS Modeler 和 IBM Cognos BI Server 可以通过 ODBC 接口与数据库进行数据的交互,在使用 ODBC 接口的时候需要首先建立 ODBC 数据源,ODBC 数据源描述了需要连接的数据库类型、数据存储的位置,以及登录的账号等参数。可以通过 ODBC 管理程序建立数据源。

2. JDBC 数据库接口（图 4.2）

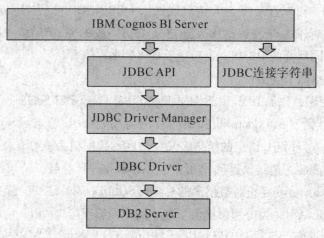

图 4.2　JDBC 数据库接口

　　JDBC（Java Data Base Connectivity，Java 数据库连接）是一种用于执行 SQL 语句的 Java API，可以为多种关系数据库提供统一访问，它由一组用 Java 语言编写的类和接口组成。JDBC 提供了一种基准，据此可以构建更高级的工具和接口，使数据库开发人员能够编写数据库应用程序。

　　JDBC 与 ODBC 类似，也包括四个层次：

　　（1）应用层，比如 IBM Cognos BI Server，通过调用 JDBC API 实现数据库的连接、执行数据查询、数据操作等过程。

　　（2）JDBC API，为应用层提供了统一的应用编程接口 API，使得应用层不用关心底层的数据库，只需要调用相应的 API 就可以与数据库进行交互。

　　（3）驱动程序管理器（Driver Manager），负责调用相应的数据库驱动程序对数据库进行访问。

　　（4）驱动程序（Driver）。不同的数据库具有不同的驱动程序，当用户访问数据库时，由驱动程序管理器装入相应的驱动程序，由驱动程序实际执行数据库的访问过程。

　　相比 ODBC，JDBC 尽量保证简单功能的简便性，而同时在必要时允许使用高级功能。如果使用 ODBC，就必须手动地将 ODBC 驱动程序管理器和驱动程序安装在每台客户机上，并在使用之前创建数据源。

　　如果使用"纯 Java"机制，则不需要在客户机上安装 JDBC 驱动程序，移植性更好。在配置上也相对简单，不需要创建数据源，只需要简单配置一个连接字符串即可。

三、实验内容

（1）IBM SPSS Modeler 与 DB2 连接过程；

（2）IBM Cognos BI Server 与 DB2 数据库连接配置过程。

四、实验步骤

1. IBM SPSS Modeler 与 DB2 连接过程

（1）在安装 IBM SPSS Modeler 客户机中创建 ODBC 数据源。

依次单击控制面板→系统和安全→管理工具→数据源（ODBC），打开 ODBC 数据源管理器。单击添加按钮，创建系统 DSN。如图 4.3 所示。

图 4.3　打开 ODBC 数据源管理器

选择 IBM DB2 ODBC DRIVER 数据库驱动程序，单击完成。如图 4.4 所示。

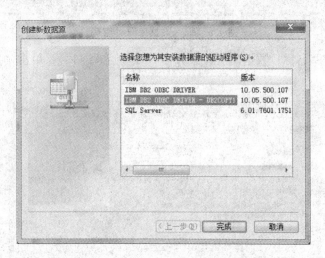

图 4.4　选择 ODBC 数据库驱动程序

输入数据源名称，单击添加，添加数据库别名。如图 4.5 所示。

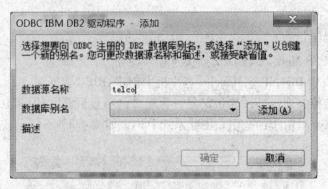

图 4.5 添加数据源名称

输入数据库账号密码,如图 4.6 所示。

图 4.6 输入数据库账号密码

输入数据库名称、数据库所在服务器 IP 地址和端口号,单击确定。如图 4.7 所示。

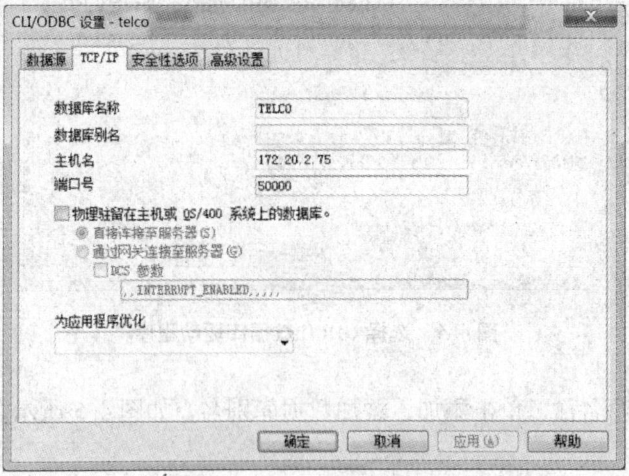

图 4.7 输入其他信息

ODBC 数据源创建完成，如图 4.8 所示。

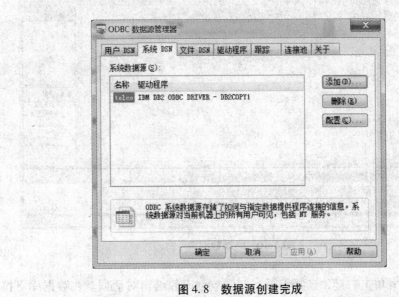

图 4.8　数据源创建完成

（2）IBM SPSS Modeler 中使用数据源节点与 DB2 数据库连接并导入导出数据。

单击开始按钮，打开 IBM SPSS Modeler 17，选择创建新流，单击确定。如图 4.9 所示。

图 4.9　在 SPSS Modeler 中创建新流

在下边的源 tab 页中，选择数据库源，并拖动到工作区中。如图 4.10 所示。

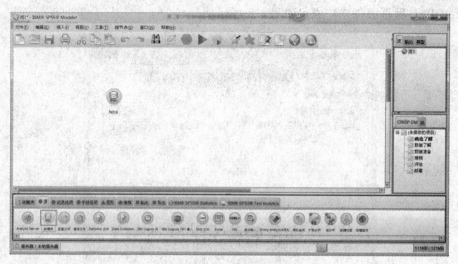

图 4.10 拖动数据源

在数据库源单击右键,选择编辑,打开数据库源编辑对话框。在数据库下拉框中选择<添加新数据库连接…>。如图 4.11 所示。

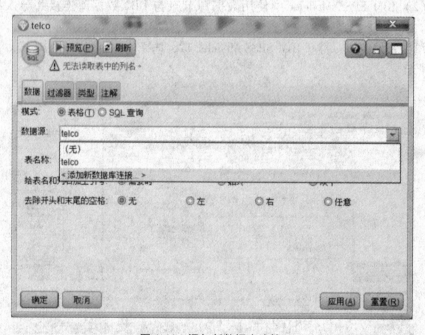

图 4.11 添加新数据库连接

选择数据源 telco,输入用户名密码,单击连接,如果连接成功,单击确定。如图 4.12 所示。

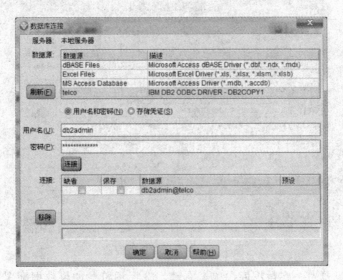

图 4.12 连接数据库

单击表名称右边的选择按钮,打开选择表/视图对话框,选择一个要导入的表或视图,单击确定。如图 4.13 所示。

图 4.13 选择数据库中的表

数据库源配置完成,单击确定完成。如图 4.14 所示。

图 4.14 配置数据库源完成

进行数据预览,在数据库源单击右键,选择预览,如果数据配置正确,将显示数据库中表中的数据。如图 4.15 所示。

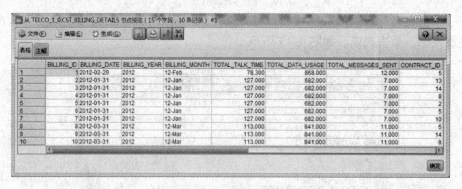

图 4.15 预览数据

在下图的导出 tab 页中,选择数据库,并拖动到工作区中。如图 4.16 所示。

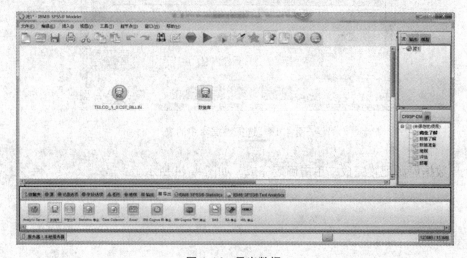

图 4.16 导出数据

在数据库图标上单击右键，选择编辑，打开数据库导出编辑对话框，选择数据源和导出的表名称，可以新建表或将数据导出已有表。点击确定完成。如图 4.17 所示。

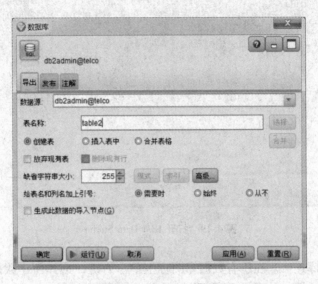

图 4.17　编辑导出节点

连接数据库源和数据库导出图标，单击工具栏中的运行流按钮，执行数据的导入和导出过程。如图 4.18 所示。

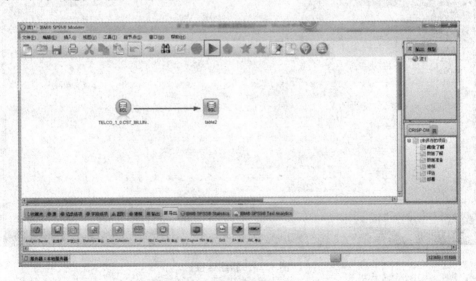

图 4.18　执行导出过程

（3）使用 IBM Data Studio 连接到数据库，验证执行的结果。

单击开始按钮，打开 IBM Data Studio，如图 4.19 所示。

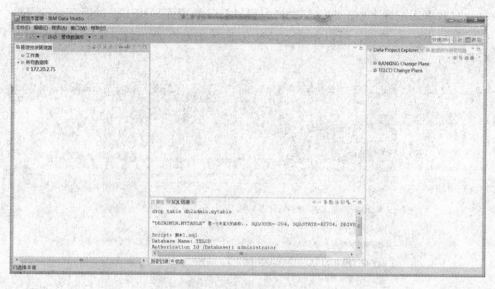

图 4.19 打开 IBM Data Studio

建立数据库连接。在所有数据库图标上单击右键，选择新建数据库连接，打开新建连接对话框。如图 4.20 所示。

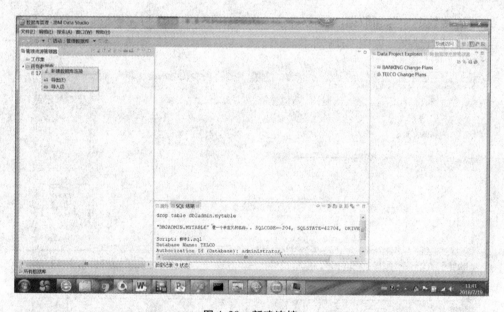

图 4.20 新建连接

在新建连接对话框中，输入相应的连接参数，建立与数据库的连接。如图 4.21 所示。

图 4.21 新建连接界面

查看导出的表及其数据。在资源管理器中选择 TELCO 连接，选择表，可以看到导出的表 table1 已经建立。如图 4.22 所示。

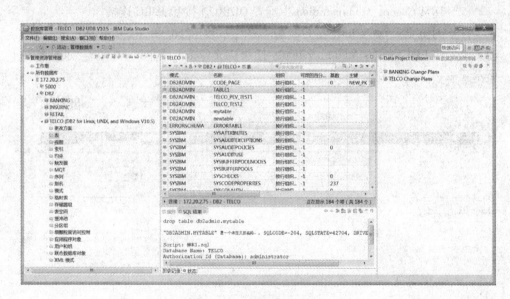

图 4.22 查看导出的表

右键单击 table1 表，选择浏览数据，可以查询导出的数据，说明导出过程执行成功。如图 4.23 所示。

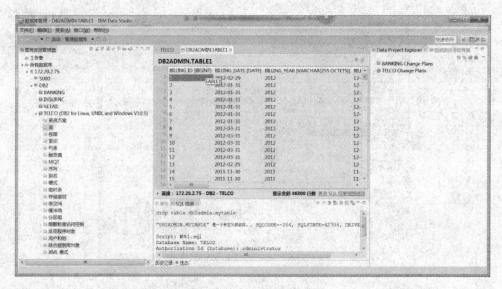

图 4.23 查询导出的数据

2. IBM Cognos BI Server 与 DB2 数据库连接配置过程

（1）在 IBM Cognos BI Server 所在服务器中创建 ODBC 数据源。

在远程登录的服务器中创建 ODBC 数据源，数据源名称为 TELCO1，这个过程和前面介绍的过程相同，在此不再赘述。

（2）IBM Cognos Administration 中配置 ODBC 连接和 JDBC 连接。

打开浏览器，输入 http://172.20.2.75:9300/p2pd/servlet/dispatch，选择启动菜单中的 IBM Cognos Administration，打开 IBM Cognos Administration。如图 4.24 所示。

图 4.24　IBM Cognos Administration 界面

在 IBM Cognos Administration 中，选择配置，显示所有已经配置好的连接。如图 4.25 所示。

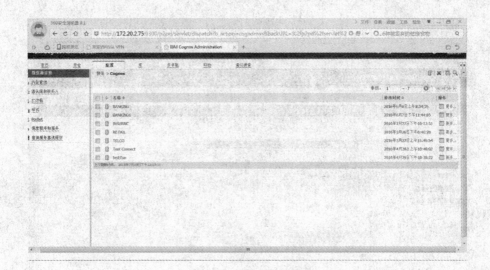

图 4.25　显示配置好的连接

创建新的数据库连接，单击新建连接按钮，打开新建数据源向导，首先输入数据源名称，单击下一步。如图 4.26 所示。

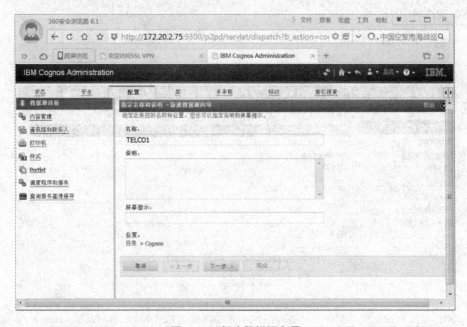

图 4.26　新建数据源向导

选择数据类型为 IBM DB2，勾选配置 JDBC 连接，单击下一步。如图 4.27 所示。

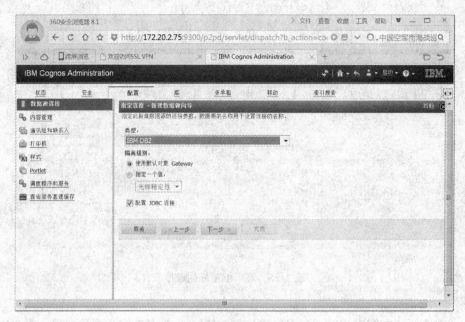

图 4.27　配置 JDBC 连接

配置 ODBC，输入 DB2 数据库名称，即在服务器中创建的 ODBC 数据源的名称。如图 4.28 所示。

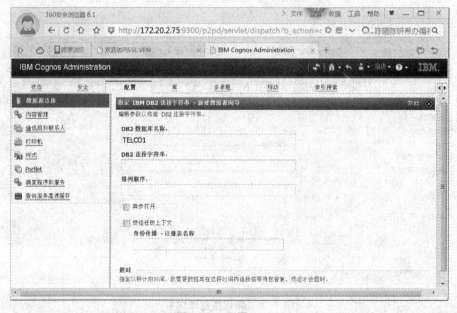

图 4.28　配置 ODBC

配置登录用户名和密码，用于 ODBC 登录和 JDBC 登录，单击下一步。如图 4.29 所示。

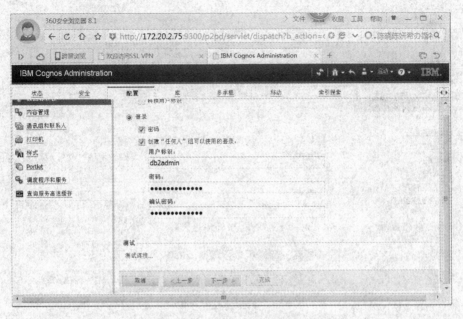

图 4.29　配置登录用户名和密码

配置 JDBC，输入服务器名称、端口号和数据库名称等参数，单击下一步。如图 4.30 所示。

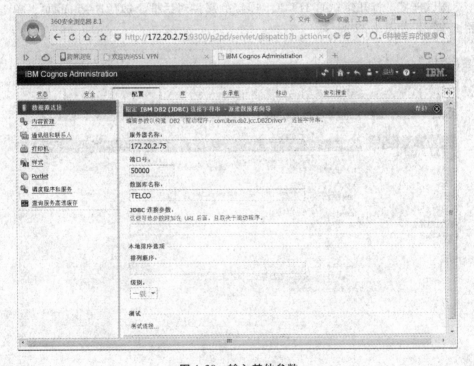

图 4.30　输入其他参数

配置 JDBC，输入服务器名称、端口号和数据库名称等参数，单击完成。数据库连接配置完成。如图 4.31 所示。

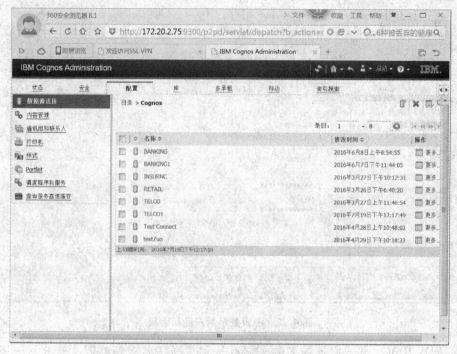

图 4.31 数据库连接配置完成

测试连接。打开建立的 TELCO1 连接的属性对话框，选择连接 tab 页，单击测试连接。如图 4.32 所示。

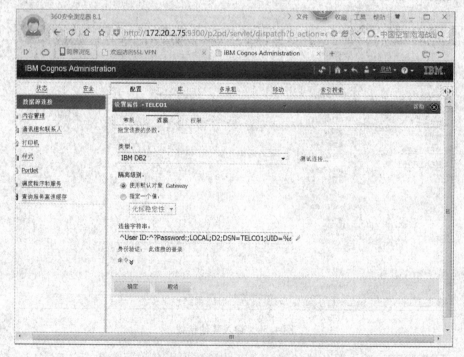

图 4.32 数据库连接配置完成

测试通过,如图 4.33 所示。

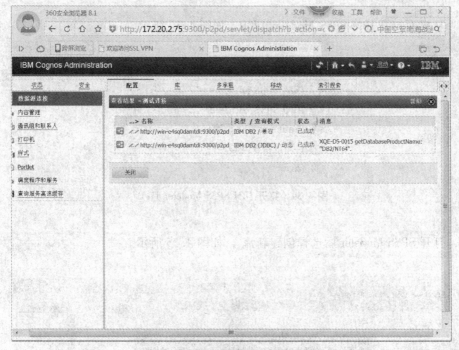

图 4.33 测试通过

第二节 SPSS Modeler 中模型的建立

一、实验目的

1. 掌握 SPSS Modeler 的启动方法;
2. 熟悉 SPSS Modeler 的开发环境;
3. 掌握在节点窗口中设置数据属性的方法;
4. 学会建立简单的 SPSS Modeler 模型;
5. 掌握 SPSS Modeler 的基本节点的特性及应用。

二、实验原理

IBM SPSS Modeler 提供了完全可视化的图形化界面,构建数据挖掘模型无需使用者进行编程,通过节点的拖拽连接就可以轻松快捷地进行自助式的数据处理与数据挖掘过程。数据分析人员可以轻松地使用 SPSS Modeler 提供的节点和套件快速建立一个数据分析模型。

三、实验内容

建立一个 SPSS Modeler 流,并导出到数据库中。

四、实验步骤

从桌面打开 IBM SPSS Modeler 17.0，如图 4.34 所示。

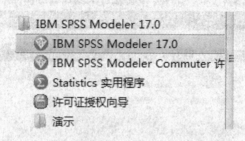

图 4.34　打开 IBM SPSS Modeler 17.0

打开 SPSS Modeler 后选择创建新流，如图 4.35 所示。

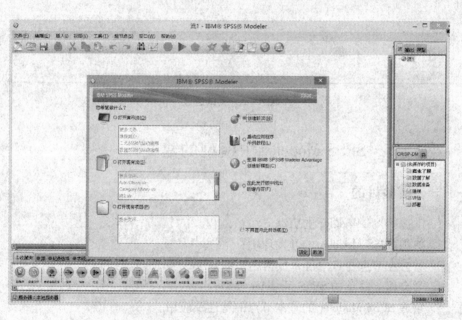

图 4.35　创建新流

拖动左下方【源】中的【数据库】节点到编辑栏中，如图 4.36 所示。

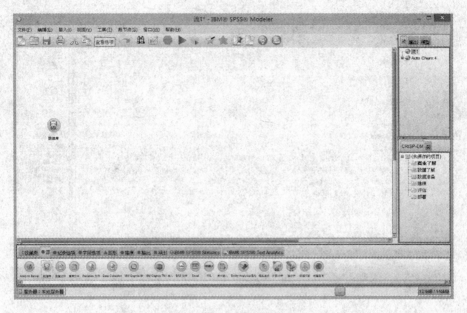

图 4.36 添加数据库节点

双击打开数据库,选择数据源(administrator @ INSRNC)和表名称(INSURNC_1_0.INSURANCE_VIEW_2);再点击应用和确定,如图 4.37 所示。

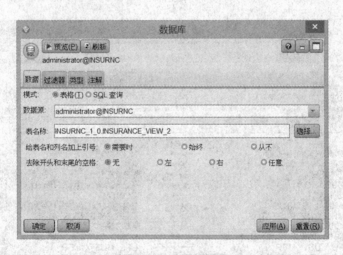

图 4.37 设置数据源

选择下方【字段选项】的【过滤器】节点,并单击鼠标右键,然后选择"连接"标签,进行连接,如图 4.38 所示。

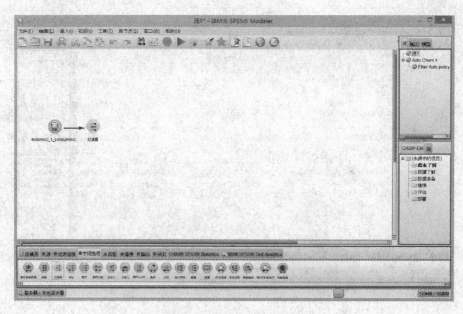

图 4.38 添加过滤器节点并设置连接

对【过滤器】进行配置，去掉不需要的 21 个字段，如图 4.39 至图 4.42 所示。

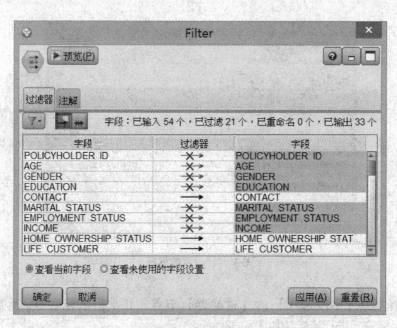

图 4.39 设置过滤器 1

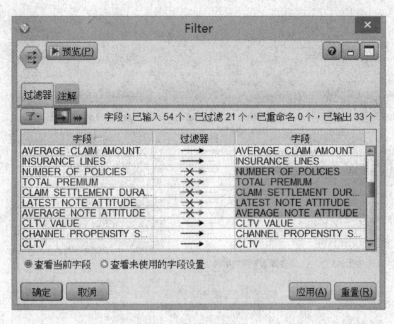

图 4.40　设置过滤器 2

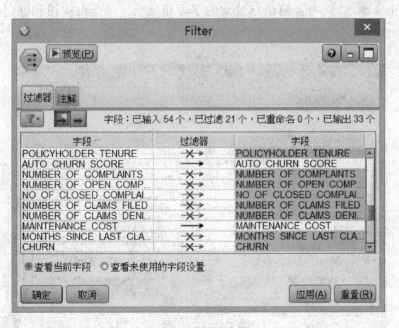

图 4.41　设置过滤器 3

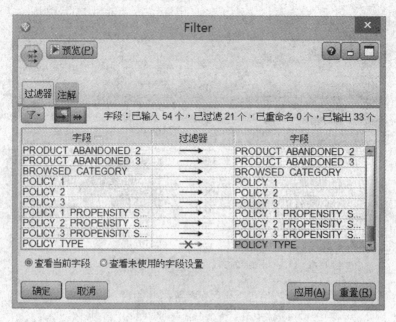

图 4.42 设置过滤器 4

点击 ![icon]，使得需输出与过滤的字段相交换，再点击应用和确定，如图 4.43 所示。

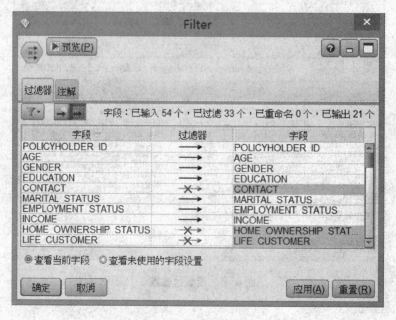

图 4.43 设置字段交换

添加【记录选项】的【选择】节点，并连接，如图 4.44 所示。

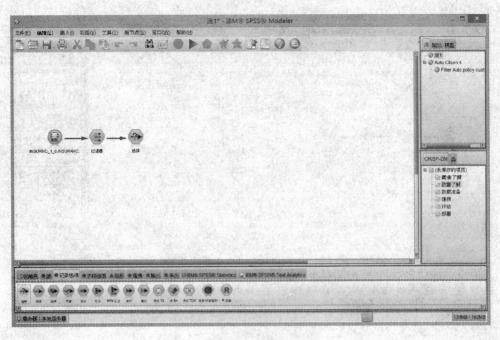

图 4.44 添加选择节点

对【选择】节点进行配置，如图 4.45 所示。

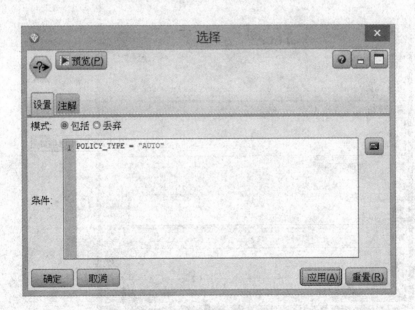

图 4.45 配置选择节点

选择【字段选项】的【填充】节点，如图 4.46 所示。

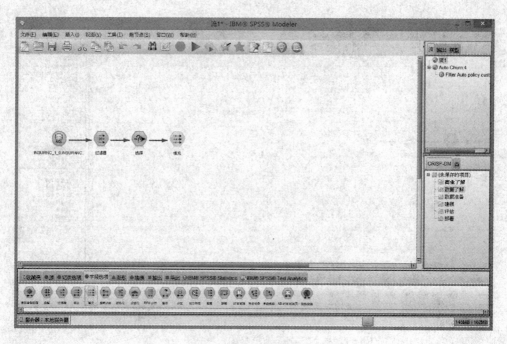

图 4.46 添加填充节点

对【填充】节点进行配置,如图 4.47 至图 4.49 所示。

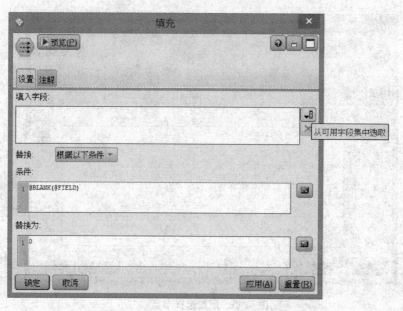

图 4.47 配置填充节点 1

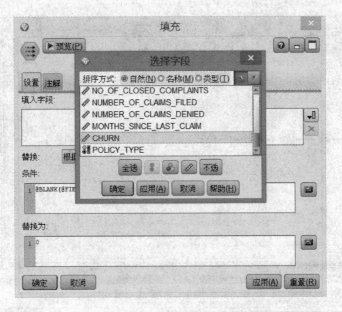

图 4.48　配置填充节点 2

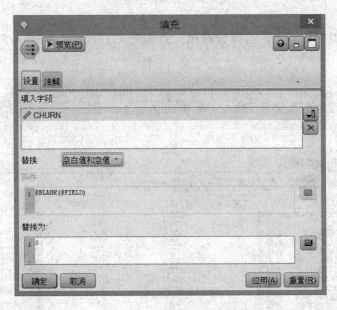

图 4.49　配置填充节点 3

选择【字段选项】的【类型】节点，如图 4.50 所示。

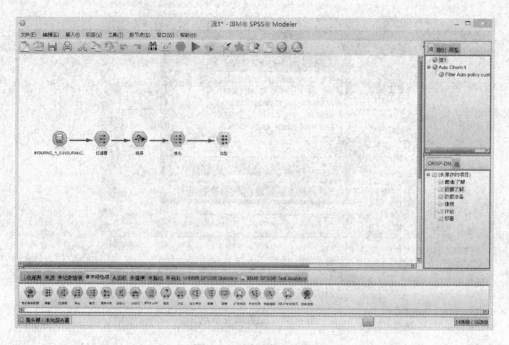

图 4.50 添加类型节点

打开【类型】节点，选择读取值，点击应用和确定，如图 4.51 至图 4.54 所示。

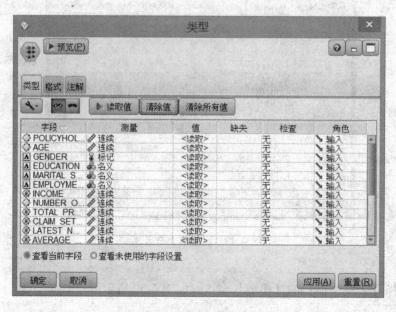

图 4.51 配置类型节点 1

选择 CHURN 字段，双击。

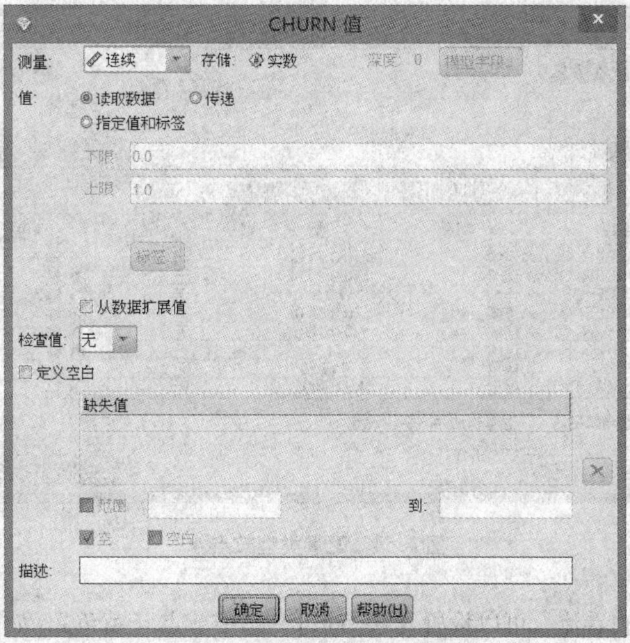

图 4.52　配置类型节点 2

将“测量”改成“标记”。

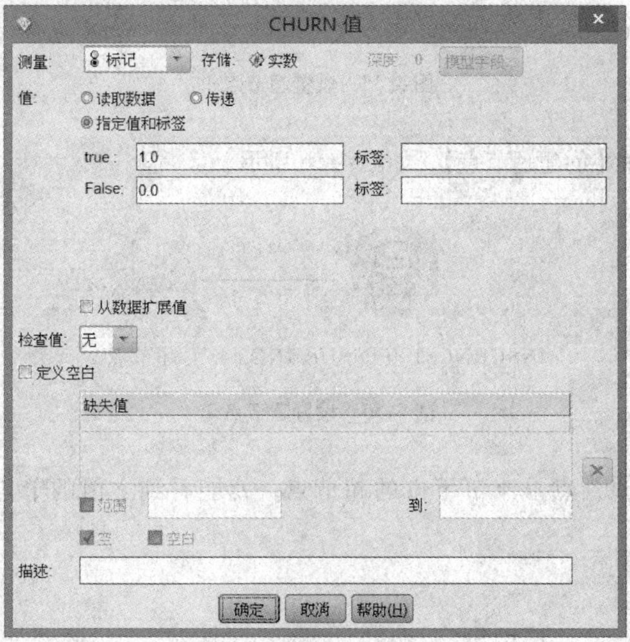

图 4.53　配置类型节点 3

然后读取值。

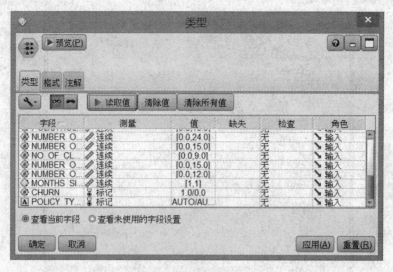

图 4.54 配置类型节点 4

为了便于查看流,可以设置【超节点】,选中节点(黄色),如图 4.55 所示。

图 4.55 设置超节点 1

右键-选择【创建超节点】,如图 4.56 所示。

图 4.56 设置超节点 2

查看超节点,点击流 1 下方的超节点,就能看到之前的节点,如图 4.57 所示。

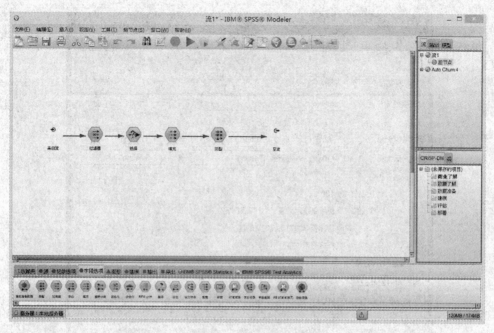

图 4.57 查看超节点

添加【字段】选项中的【分区】节点，如图 4.58 所示。

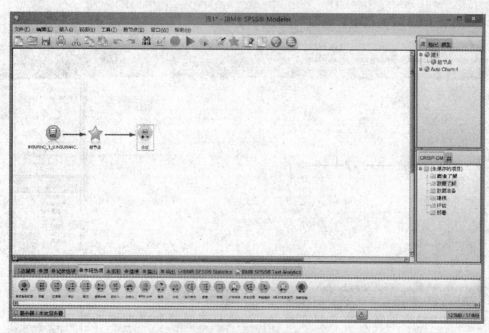

图 4.58 设置分区节点

进行【分区】配置，如图 4.59 所示。

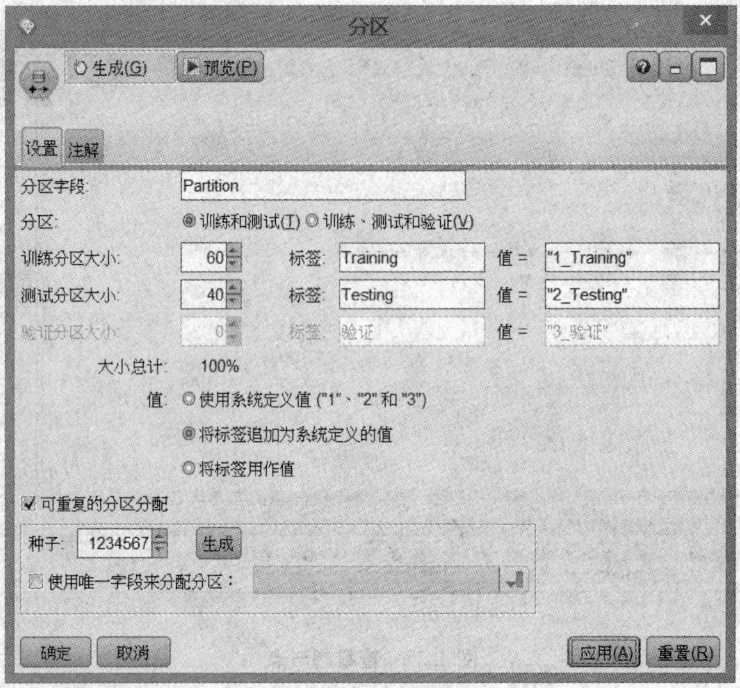

图 4.59 配置分区节点

选择 CHAID 的模型,如图 4.60 所示。

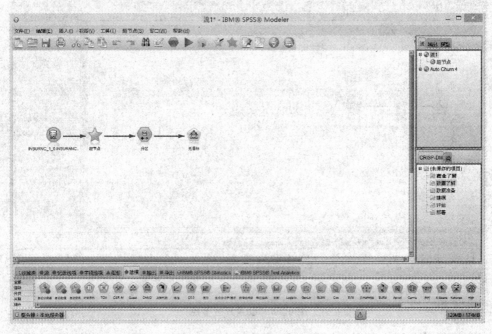

图 4.60 选择 CHAID 模型

双击模型【字段】,如图 4.61 所示。

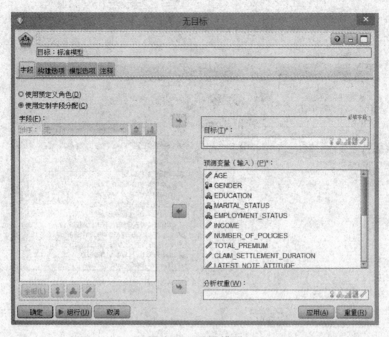

图 4.61 设置模型

把预测变量中 4 个变量移到字段中，如图 4.62 所示。

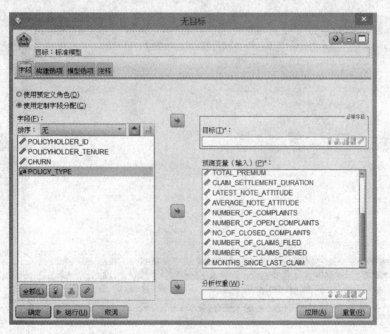

图 4.62 移动配置字段

再把 CHURN 字段移到目标中，如图 4.63 所示。

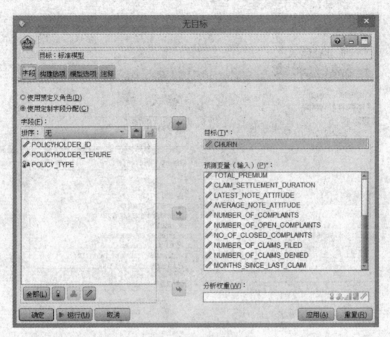

图 4.63 目标转移

点击运行就能出现模型，如图 4.64 所示。

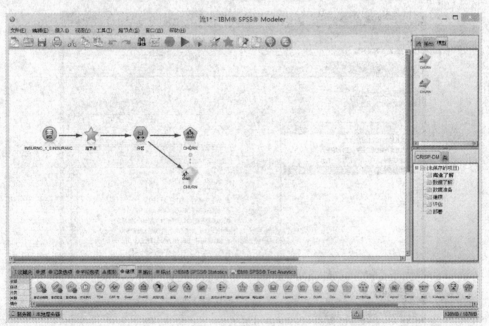

图 4.64 运行模型

打开模型，就能得到一些结果，如图 4.65 所示。

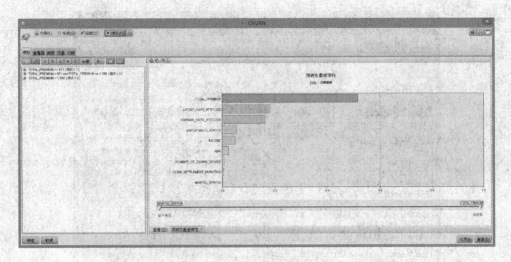

图 4.65 模型展示

添加【过滤器】,对产生的数据进行筛选,只要 4 个字段,如图 4.66 至图 4.68 所示。

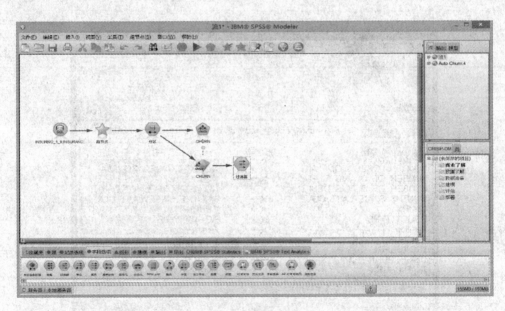

图 4.66 筛选数据 1

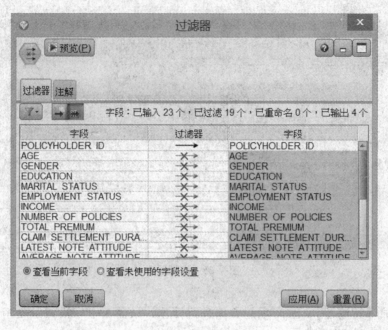

图 4.67 筛选数据 2

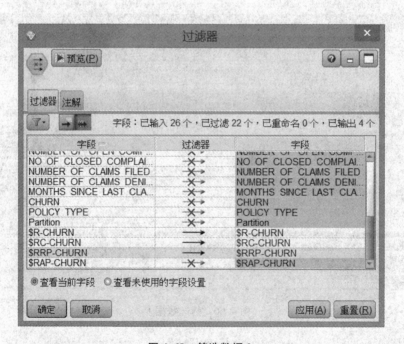

图 4.68 筛选数据 3

添加类型字节，如图 4.69 所示。

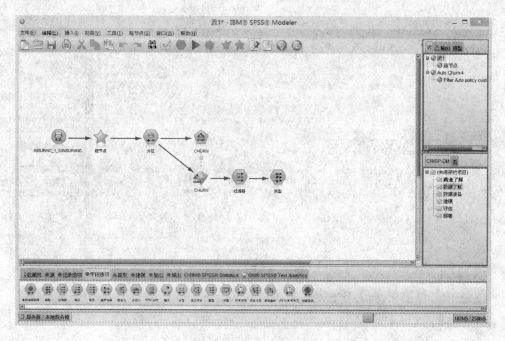

图 4.69 添加类型节点

读取值,如图 4.70 所示。

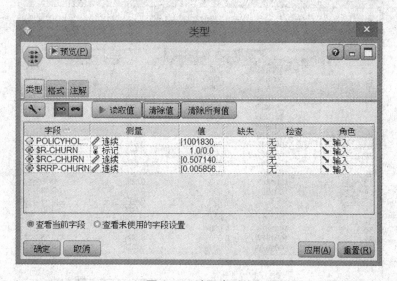

图 4.70 读取类型值

可以通过表格查看结果,如图 4.71 至图 4.72 所示。

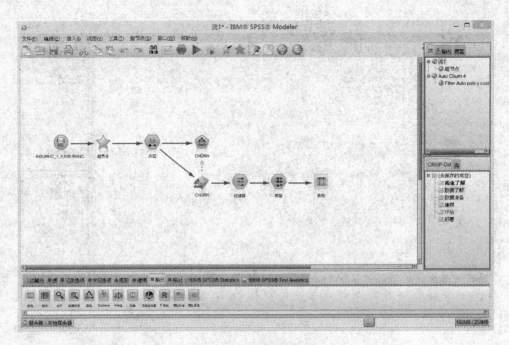

图 4.71 查看结果 1

	POLICYHOLDER_ID	$R-CHURN	$RC-CHURN	$RRP-CHURN
1	1002433	0.000	0.606	0.394
2	1001830	1.000	0.542	0.542
3	1001834	1.000	0.942	0.942
4	1001836	0.000	0.518	0.482
5	1001837	0.000	0.794	0.206
6	1001839	1.000	0.515	0.515
7	1001845	1.000	0.519	0.519
8	1001846	0.000	0.510	0.490
9	1001849	1.000	0.515	0.515
10	1001851	0.000	0.510	0.490
11	1001857	0.000	0.565	0.435
12	1001861	0.000	0.518	0.482
13	1001862	0.000	0.606	0.394
14	1001864	0.000	0.518	0.482
15	1001865	1.000	0.942	0.942
16	1001866	1.000	0.507	0.507
17	1001871	0.000	0.728	0.272
18	1001874	1.000	0.533	0.533
19	1001877	0.000	0.568	0.432
20	1001879	0.000	0.582	0.418

图 4.72 查看结果

可导出数据，如图 4.73 所示。

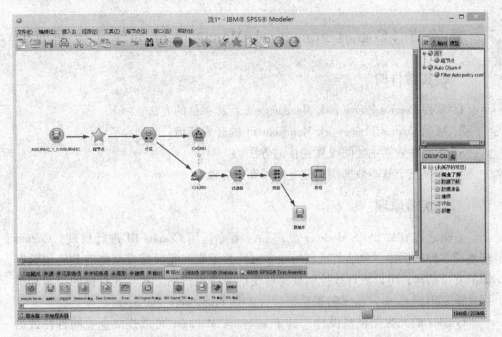

图 4.73 导出数据

选择数据源,并命名,之后点击运行,数据就保存到数据库中,并可对保存的数据进行报表操作。如图 4.74 所示。

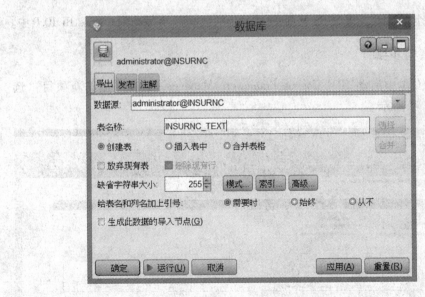

图 4.74 保存数据

第三节 Cognos Framework Management 创建元数据模型

一、实验目的

1. 掌握 Cognos Framework Management 新建项目的方法；
2. 熟悉 Cognos Framework Management 的开发环境；
3. 掌握在数据主题间设置连接的方法；
4. 掌握三个基本数据层的建立和发布的方法。

二、实验原理

数据通过 IBM SSPS Modeler 处理后，需要运用 Cognos BI 进行展现。Cognos 能支持多种数据源，包括关系型的和多维的数据库。元数据模型能隐藏底层数据源的复杂结构，可以更好地控制数据展现给最终用户的方式。元数据的组织和扩展就需要用到 Cognos 的元数据模型设计工具 Framework Manager。

Cognos 的元数据模型设计工具 Framework Manager 可以连接企业的各种数据源（包括关系型数据库、多维数据库、文本、OLAP 等），对数据结构进行描述，为 Cognos 的多维分析，即席查询、报表等各种应用提供统一的数据视图，降低对企业数据访问的复杂性，同时提供对各种应用使用结构的统一管理。

三、实验内容

建立一个新项目，配置 SPSS Modeler 中导出的数据流，并发布到 Cognos BI 10.0 中。

四、实验步骤

在开始菜单中启动 IBM Cognos Framework Manager，选择"创建新项目"选项，如图 4.75 所示。

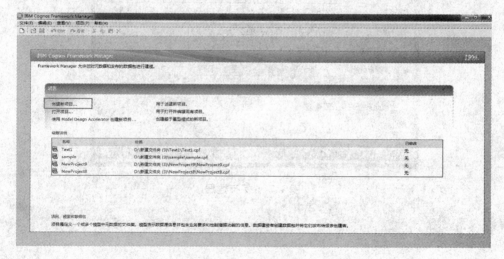

图 4.75 创建新项目

在"项目名称"中输入名称和目录位置,不需要选中"使用动态查询方式"选项,如图4.76所示。

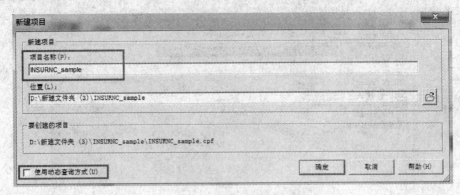

图4.76 新建项目填写事项

语言选择默认选项即可,如图4.77所示。

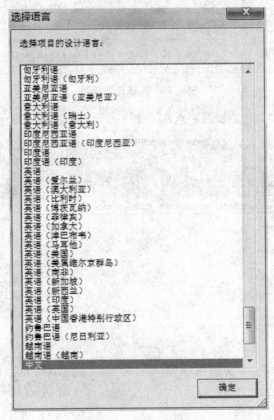

图4.77 选择语言

进入"元数据"向导——选择元数据源,选择"数据源"选项,点击"下一步",如图4.78所示。

图 4.78 选择元数据源

选择"INSURNC"数据源,点击"下一步",如图 4.79 所示。

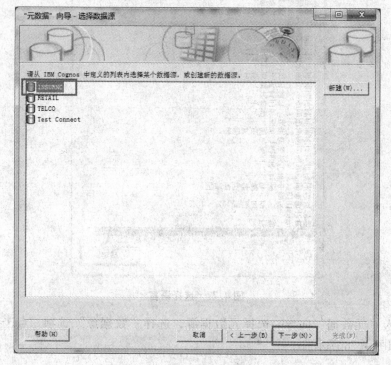

图 4.79 选择数据源

选择在 SPSS Modeler 中处理生成的表"INSURNC_TEXT",以及"INSURNC_1_0"中的表"POLICYHOLDER_FACT",点击"下一步",如图 4.80 至图 4.81 所示。

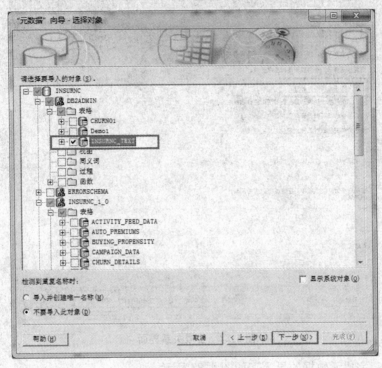

图 4.80 选择生成表

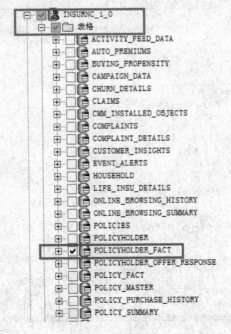

图 4.81 选择表

在"元数据"向导-生成关系中,不选中"使用主键和外键",点击"导入"。如图4.82所示。

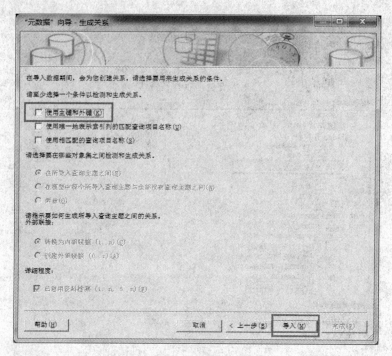

图4.82　生成关系界面

然后,完成元数据的导入。如图4.83所示。

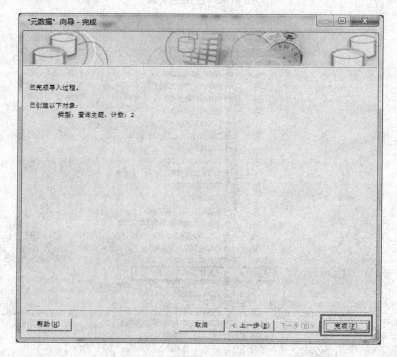

图4.83　完成元数据向导

在左侧我们可以看到导入的数据"INSURNC",接下来在中部选择"图"选项。如图4.84所示。

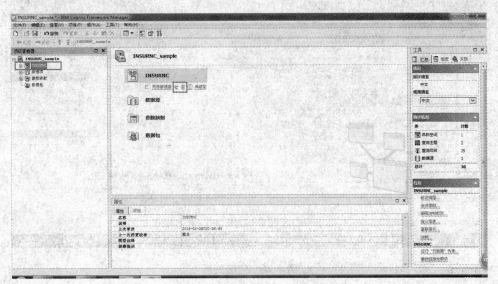

图4.84 添加"图"选项

可以看到两张之前导入的数据表,如图4.85所示。

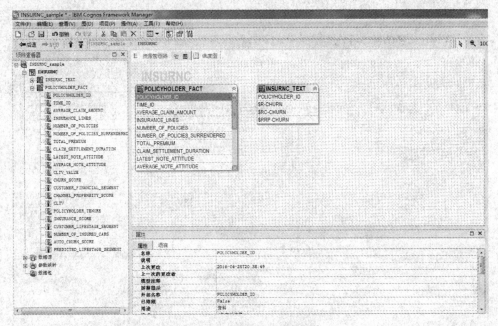

图4.85 查看导入的数据表

在"POLICYHOLDER_FACT"的"POLICYHOLDER_ID"单击右键选择"创建""关系",如图4.86所示。

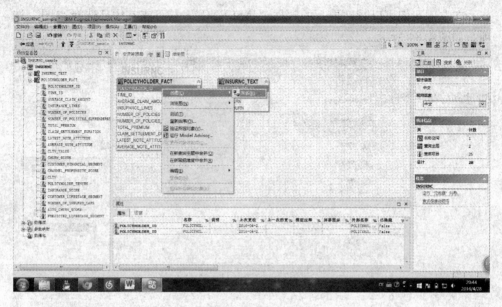

图 4.86　创建关系

在关系定义窗口右侧选择"查询主题",然后选择"INSURNC_TEXT",点击确定,如图 4.87 至图 4.89 所示。

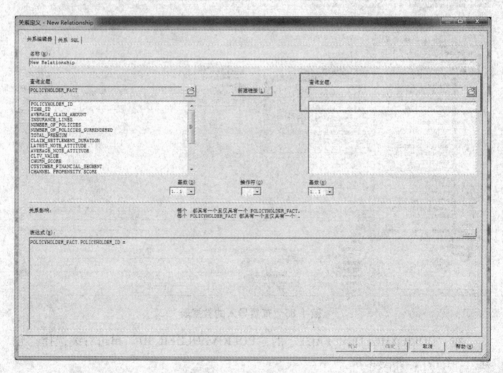

图 4.87　选择查询主题 1

图 4.88 选择查询主题 2

已建立两个表的链接，在窗体中间可设置连接属性"1 对 1 或 1 对 n"。

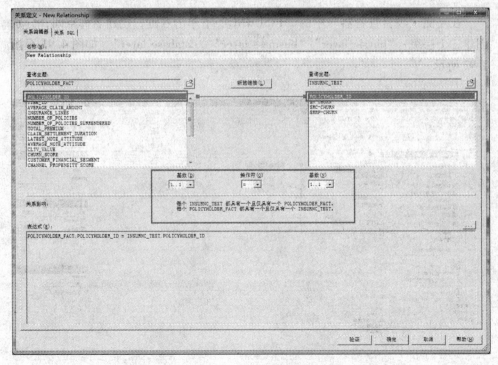

图 4.89 设置表属性

已建立 POLICYHOLDER_FACT 和 INSURNC_TEXT 的连接，如图 4.90 所示。

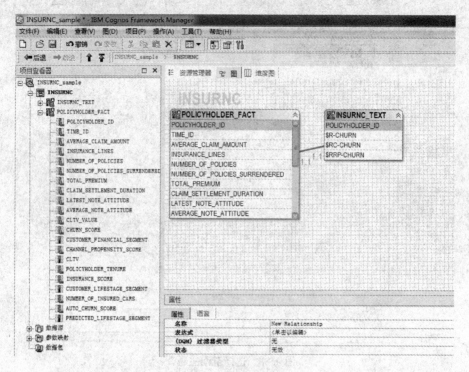

图 4.90　完成连接

在左侧"项目查看器"中的"INSURNC"下单击右键，创建名称空间，分别创建三个层级："physic layer""business layer""database layer"。如图 4.91 至图 4.92 所示。

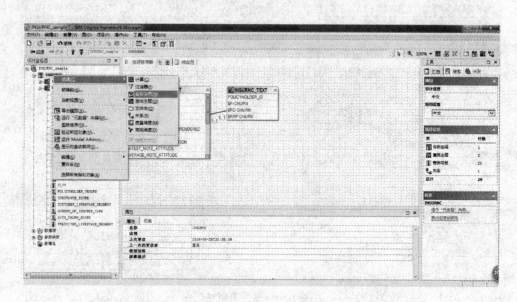

图 4.91　创建三个层级

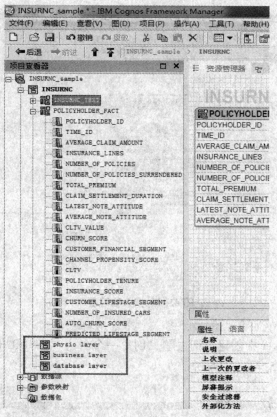

图 4.92 层级示意图

将 INSURNC_TEXT 和 POLICYHOLDER_FACT 拖入 physic layer（物理层），如图 4.93 至图 4.94 所示。

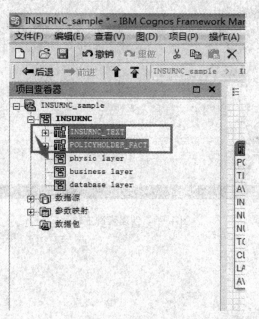

图 4.93 选择项目

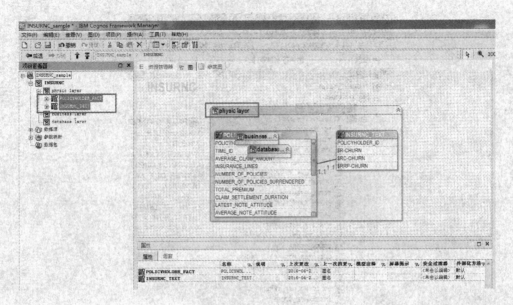

图 4.94 拖入物理层

在 business layer 中创建查询主题，创建一个名为"INSURNC_QUERY"的查询主题。如图 4.95 至图 4.96 所示。

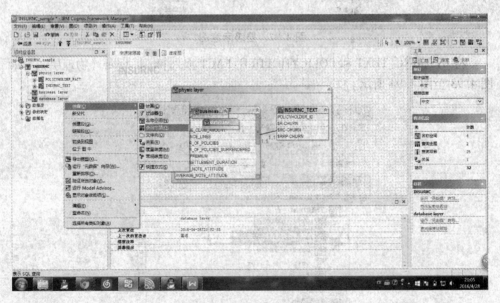

图 4.95 创建查询主题

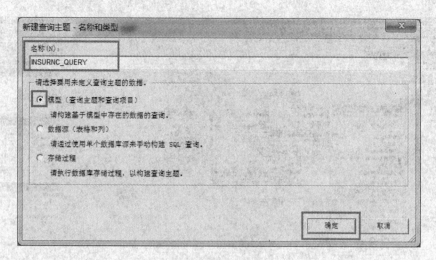

图 4.96　查询主题设置

将需要的表从"可用的模型对象"拖入到"查询项目和计算中",点击确定,如图 4.97 所示。

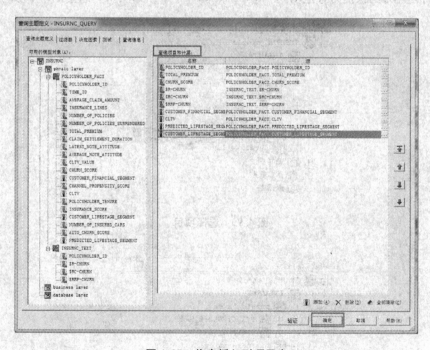

图 4.97　将表插入到项目中

右击 business layer 下已创建的查询,选择"创建"→"快捷方式",如图 4.98 所示。

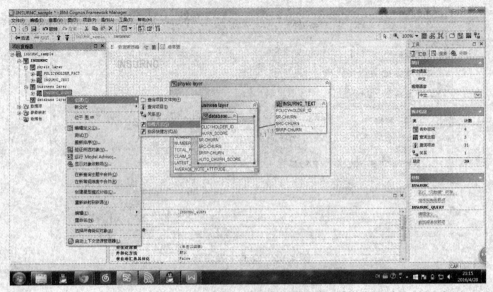

图 4.98 创建查询的快捷方式

将创建好的快捷方式拖动到 "database layer" 中,如图 4.99 至图 4.100 所示。

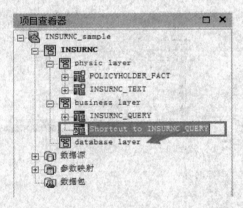

图 4.99 选择项目

图 4.100 拖动到快捷方式中

发布数据包，右击"项目查看器"中的"数据包"，选择"创建"→"数据包"，如图 4.101 所示。

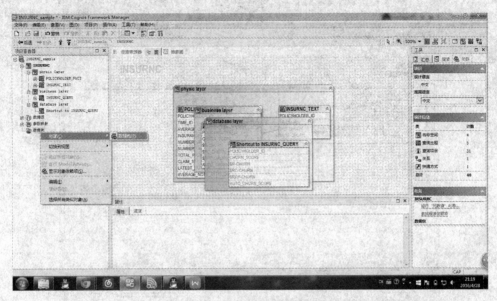

图 4.101　发布数据包

创建数据包的名称，点击"下一步"，如图 4.102 所示。

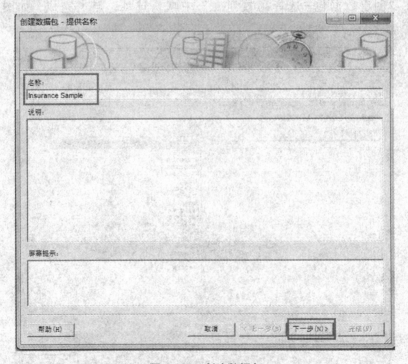

图 4.102　创建数据包

在"创建数据包—定义对象"窗口中，只勾选"database layer"，点击"下一步"，如图 4.103 所示。

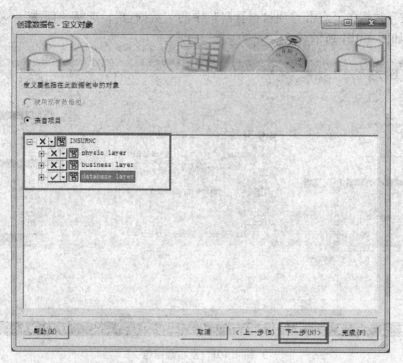

图 4.103　创建数据包"定义对象"

在"创建数据包—选择函数列表"中默认选项，点击完成，如图 4.104 所示。

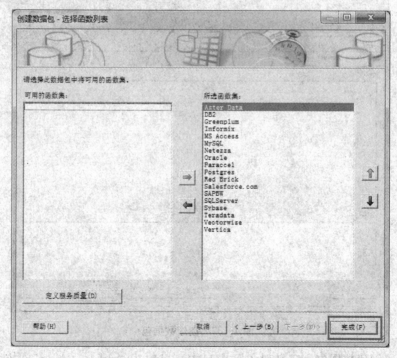

图 4.104　创建数据包"选择函数列表"

点击"是",发布数据包,如图 4.105 所示。

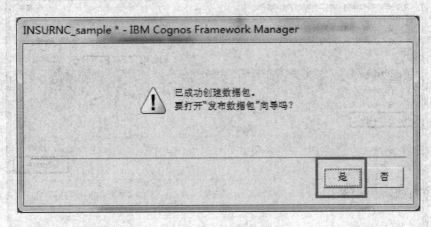

图 4.105　发布数据包

在"content store 中的文件位置中"设置数据包的发布位置,并不选中"启用模板控制",点击"下一步"。按照要求选择指定的文件夹。如图 4.106 至图 4.107 所示。

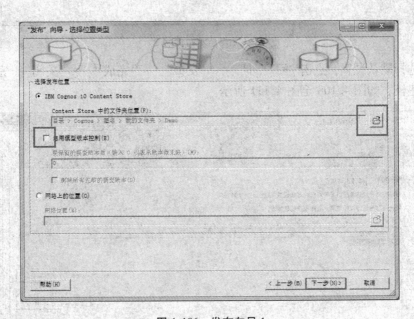

图 4.106　发布向导 1

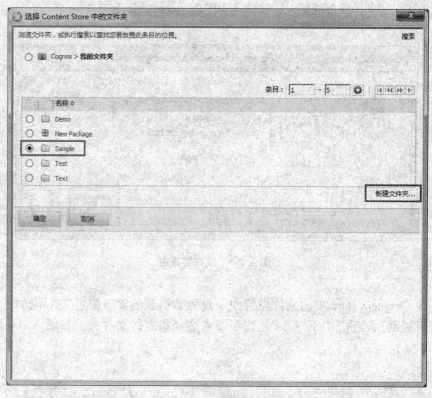

图 4.107　发布向导 2

选择默认设置,点击"下一步"→"发布"→"完成"→"关闭",完成元数据建模,如图 4.108 至图 4.111 所示。

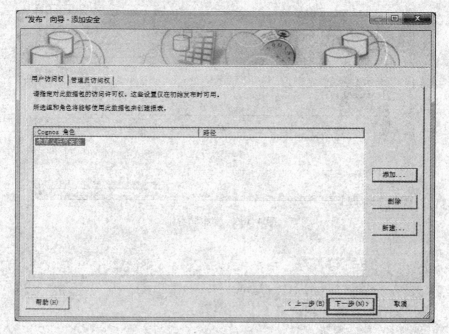

图 4.108　发布向导 3

图 4.109 发布向导 4

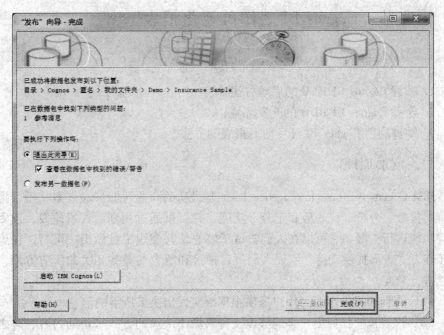

图 4.110 发布向导 5

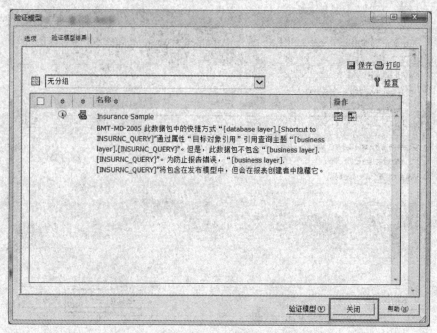

图 4.111 发布向导 6

第四节 Cognos BI 制作可视化报表

一、实验目的

1. 掌握 Cognos BI 10.0 的启动方法；
2. 熟悉 Cognos BI 10.0 的开发环境；
3. 掌握利用 Cognos BI 开发简单报表的方法。

二、实验原理

IBM Cognos Business Intelligence 10.1 是最新的商业智能解决方案，用于提供查询、报表、分析、仪表板和记分卡功能，并且可通过规划、方案建模、预测分析等功能进行扩展。它可以在人们尝试了解业绩并使用工具做出决策时，在思考和工作方式方面提供支持，以便人们可以搜索和组合与业务相关的所有方面，并与之进行交互。

（1）查询和报表功能为用户提供根据事实做出决策所需的信息。

（2）仪表板使任何用户都能够以支持其做出决策的方式来访问内容、与之交互，并对其进行个性化设置。

（3）分析功能使用户能够从多个角度和方面对信息进行访问，从而可以查看和分析信息，帮助用户做出明智的决策。

（4）协作功能包括通信工具和社交网络，用于推动决策过程中的意见交流。

（5）记分卡功能可实现业务指标的捕获、管理和监控的自动化，使用户可将其与自己的战略和运营目标进行比较。

三、实验内容

利用 Cognos Framework Management 发布的数据包，在 Cognos BI 中制作简单的报表。

四、实验步骤

通过浏览器访问：http：//172.20.2.75/ibmcognos。

进入门户后点击"我的主页"，在我的文件夹>Demo 下可以看到我们在 Framework Manger 中创建并发布的包"New Package"，接下来我们利用这个数据包进行简单的报表开发。如图 4.112 所示。

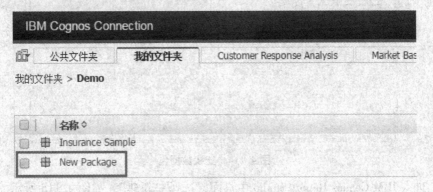

图 4.112 选择新发布的包

在右上角选择"启动"→"Report Studio"。如图 4.113 所示。

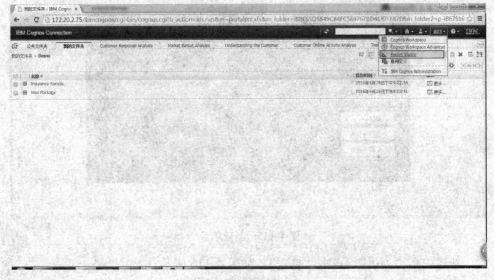

图 4.113 启动 Report Studio

然后跳到"选择数据包"页面，根据使用 Cognos Framework Manager 创建的数据包保存路径找到数据包，在 Cognos>我的文件夹>Sample 目录下双击"New Package"。如图 4.114 所示。

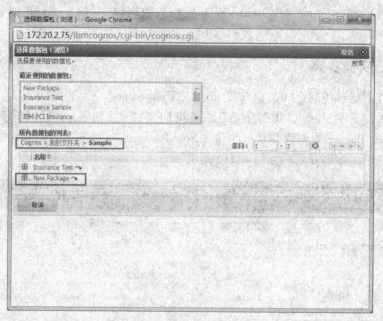

图 4.114 查找数据包

进入 IBM Cognos Report Studio 主页面，选择"新建"。如图 4.115 所示。

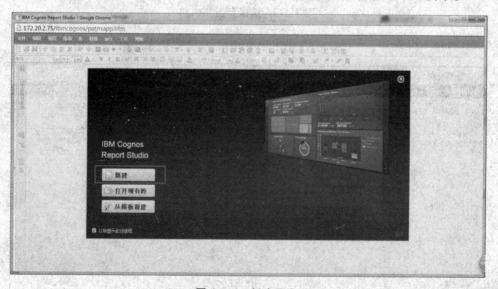

图 4.115 新建项目

新建一个"列表"，点击"确定"。如图 4.116 所示。

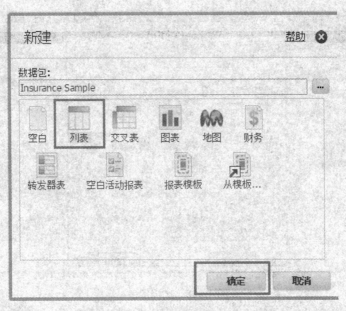

图 4.116 新建列表

在左侧的可插入对象中,展开"database layer"目录,再展开"Shortcut to INSURNC_QUERY",选择需要展示的对象,一个一个拖动到右边的列表中。如图 4.117 所示。

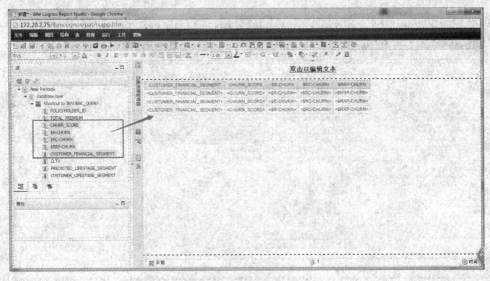

图 4.117 选择展示对象

在左侧选项卡中,点击"工具箱",选择"图表",并拖动到右边报表页中,选择所需的图标样式,点击"确定"。如图 4.118 所示。

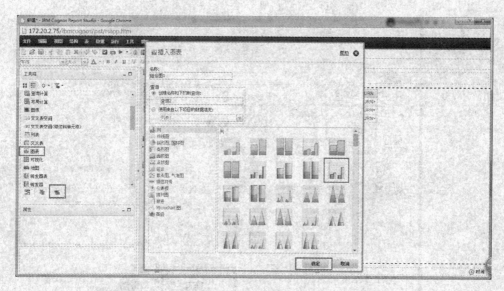

图 4.118 选择图表

把用户想要展示在图表上的数据拖到图表各个属性中，如将"CHURN_SCORE"拖到图表中的"默认度量"中，"PREDICTED_FINACIAL_SEGMENT"拖到图表中的"类别"中，"CUSTOMER_FINACIAL_SEGMENT"拖到图表中的"序列"中。如图 4.119 所示。

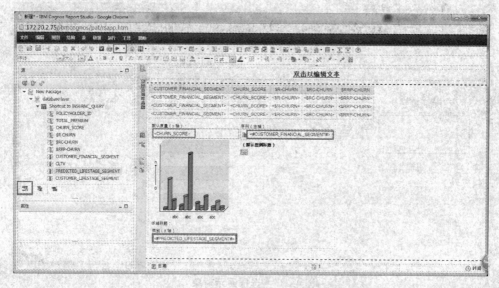

图 4.119 设置属性

点击工具栏中的运行，一个简单的报表就展现出来了。如图 4.120 所示。

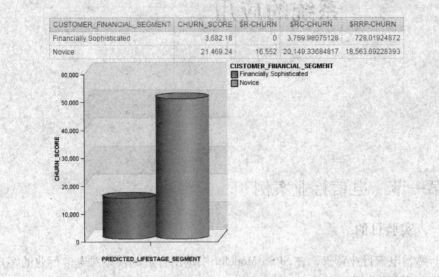

图 4.120　报表展示

第五章 预测性客户智能平台系统的应用

第一节 电信行业案例

一、实验目的

1. 熟悉电信行业背景,在 SPSS Modeler 中选用合适的模型对电信行业的客户流失率进行预测分析;

2. 在 Cognos Framework Management 中选取合适的数据表进行关联;

3. 在 Cognos BI 中发布可视化图表,能够说明数据之间的关系,并得出预测结果。

二、实验原理

随着信息社会的发展,如何通过数据分析的方法有效地分析海量数据,并从中找到有用的信息已经成为一种趋势。

本实验选取了 Churn Prediction.str 模型来分析电信行业的客户流失率,做分析的主要字段(投保人人口、投诉、索赔、信息满意度),采用的是决策树算法。该算法 CHAID 能自动读取客户的详细信息,如投诉、索赔、满意度和人口变量,并自动提供每个客户的流失倾向。

三、实验内容

首先在 SPSS Modeler 中建立与电信行业相关的合适模型导出到数据库中,接着在 Cognos FM 中发布数据包,最后在 Cognos BI 中制作可视化图表。

四、实验步骤

(一) SPSS Modeler 建模

(1) 设置数据源并过滤数据。首先选择窗口底部节点选项板中的"源"选项卡,再点击"数据库"节点,单击工作区的合适位置,即可将"数据库"的源添加到流中。双击"数据库",选择数据源和表名称"TELCO_1_0.TELCO_PEV",并过滤其数据,保留 CUSTOMER_ID、ESTIMATED_INCOME、SENTIMENT_

SCORE、MARGIN_AMOUNT、NUMBER_OF_CLOSED_COMPLAINTS、NUMBER_OF_MONTHS_SINCE_CUSTOMER_UPGRADED_THE_PLAN、NUMBER_OF_OPEN_COMPLAINTS、EDUCATION、CHURN。如图 5.1 至图 5.2 所示。

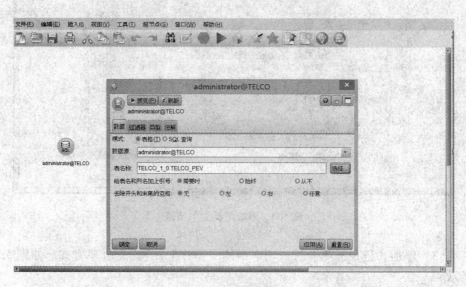

图 5.1 设置数据源

图 5.2 过滤数据

（2）添加"字段选项"选项卡中的"类型"，双击"读取值"，给每个字段添加数值，修改角色属性，并与数据库连接。如图 5.3 所示。

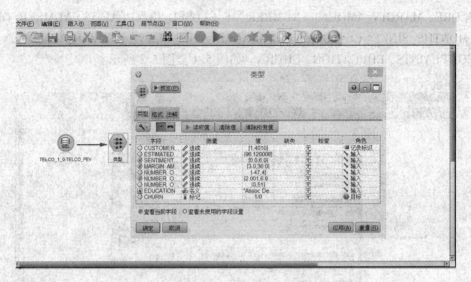

图 5.3 添加"类型"节点

(3) 添加"记录选项卡"选项卡中的"排序",并设置排序方式。如图 5.4 所示。

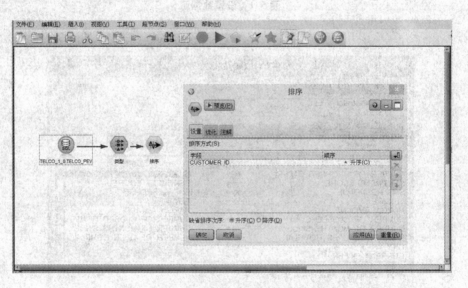

图 5.4 添加"排序"节点

(4) 添加"字段选项"选项卡中的"分区"节点,并进行分区。如图 5.5 所示。

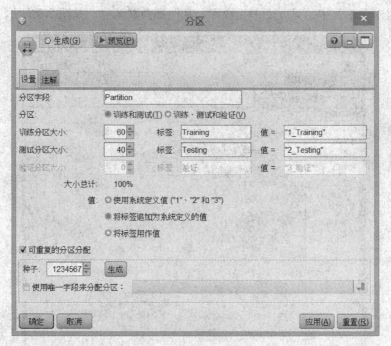

图 5.5 添加"分区"节点

(5) 选择"建模"选项卡中的"CHAID"模型，设置如下。如图 5.6 所示。

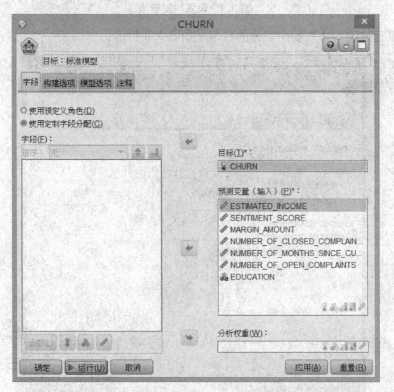

图 5.6 添加"CHAID"模型节点

"构建选项"中，只改变中止规则，其他都为默认值。如图5.7所示。

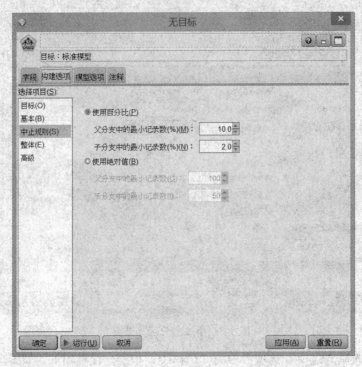

图5.7 设置构建选项

"模型选项"中在倾向评分前打勾。如图5.8所示。

图5.8 设置模型选项

（6）打开模型，就能得到一些结果，如图5.9所示：左栏位使用文字树状展开，表现每一阶层的分类状况及目标变数的模式；右栏位则是整体模型预测变量的重要性比较。可以发现最重要的分析变量为"SENTIMENT_SCORE"和"MARGIN_AMOUNT"。

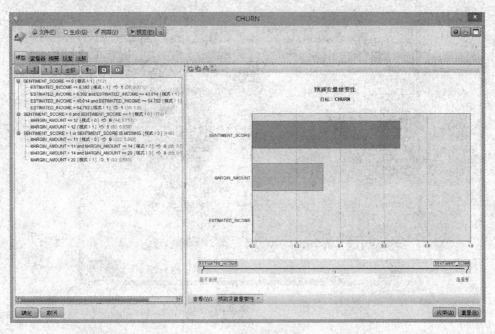

图5.9　查看模型结果

在"查看器"中我们可以看到不同节点的关联。如图5.10所示。

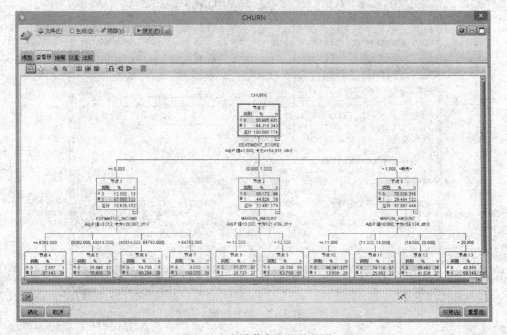

图5.10　查看节点之间的关联

（7）添加过滤器，对字段进行过滤。如图 5.11 所示。

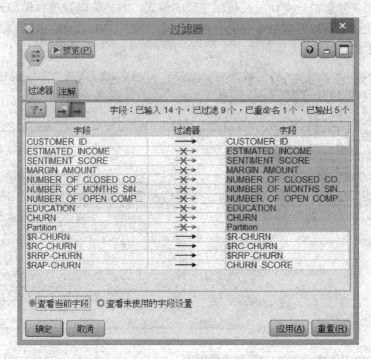

图 5.11　过滤数据字段

（8）添加方形数据库节点，选择"数据库"导出数据。如图 5.12 所示。

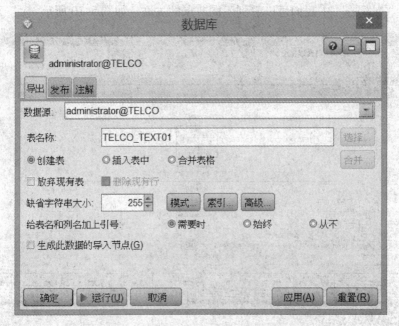

图 5.12　导出数据

(二) Cognos Framework 发布数据包

（1）在开始菜单中启动 IBM Cognos Framework Manager，选择"创建新项目"选项。

（2）在"项目名称"中输入项目名称和目录位置。如图 5.13 所示。

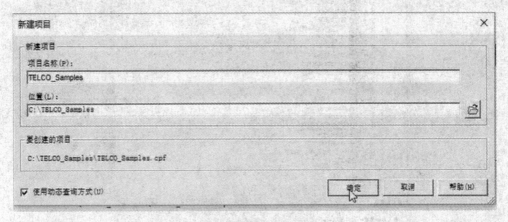

图 5.13　新建项目窗口

（3）"选择语言"中保持默认选项单击"确定"。进入"元数据"向导-选择元数据源，选择"数据源"选项，点击"下一步"。

（4）选择"TELCO"数据源，点击"下一步"。

（5）在"'元数据'向导-选择对象"中选中经 SPSS Modeler 挖掘处理生成的表"TELCO_TEST2"，以及"TELCO_1_0"中的表"CST_PROFILE""EDUCATION""EMPLOYMENT""MARITAL_STATUS"，点击"下一步"。如图 5.14 至图 5.15 所示。

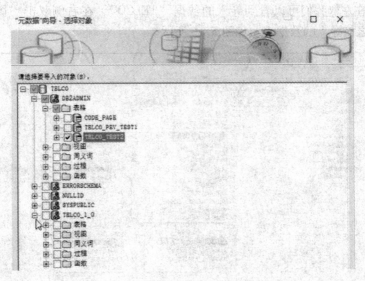

图 5.14　在"元数据"向导中选择对象

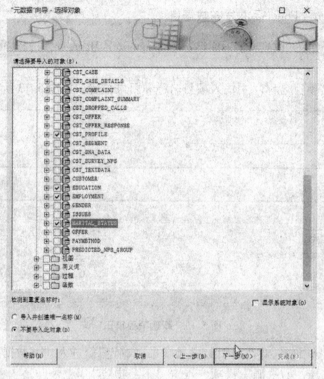

图 5.15 在"元数据"向导中选择对象

(6) 在"'元数据'向导—生成关系"中,不选中"使用主键和外键",点击"导入"。

单击"完成"选项完成数据源的导入,进入"IBM Cognos Framework Manager"编辑页面。

(7) 在左侧我们可以看到导入的数据"TELCO",在右侧双击"图"选项,可以看到之前导入的数据表。如图 5.16 所示。

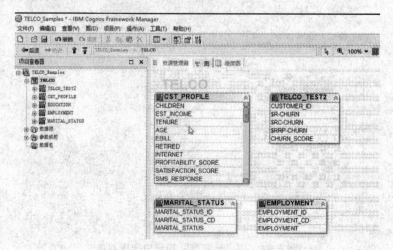

图 5.16 查看图选项中的数据表

（8）选择"CST_PROGILE"表右键选择"创建"→"关系"，进入"关系定义"窗体。

（9）在关系定义窗口右侧选择"查询主题"，然后选择"TELCO_TEST2"表，选中两个查询主题中的"CST_ID"和"CUSTOMER_ID"项建立连接。

（10）已建立两个表的链接，在窗体中间设置连接属性"1 对 1 或 1 对 n"，单击"确定"。如图 5.17 所示。

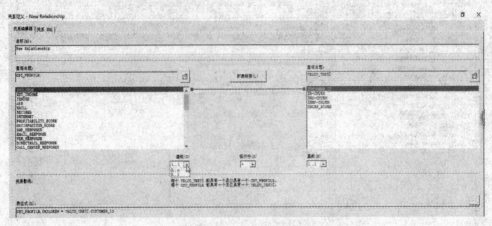

图 5.17　建立表之间的链接

（11）对"EDUCATION""EMPLOYMENT""MARITAL_STATUS"表重复步骤 8 至 10，分别建立和表"CST_PROGILE"的链接。

（12）已建立"TELCO_TEST2""EDUCATION""EMPLOYMENT""MARITAL_STATUS"和"CST_PROGILE"的连接。如图 5.18 所示。

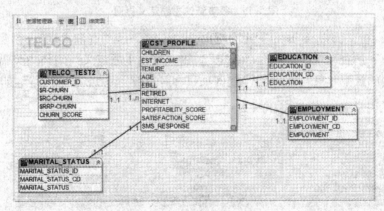

图 5.18　查看表之间的链接

（13）在左侧"项目查看器"中的"TELCO"目录下单击右键，"创建"→"名称空间"，分别创建三个层级："physics layer""business layer""database layer"。

（14）将"TELCO_TEST2""EDUCATION""EMPLOYMENT""MARITAL_STATUS"和"CST_PROGILE"拖入 physic layer（物理层）。

（15）在"business layer"中用右键单击"创建"→"查询主题"，创建一个名为"教育"查询主题，点击"确定"。在"查询主题定义"窗体中将需要的表从"可用的模型对象"拖入到"查询项目和计算中"，点击"确定"。如图 5.19 所示。

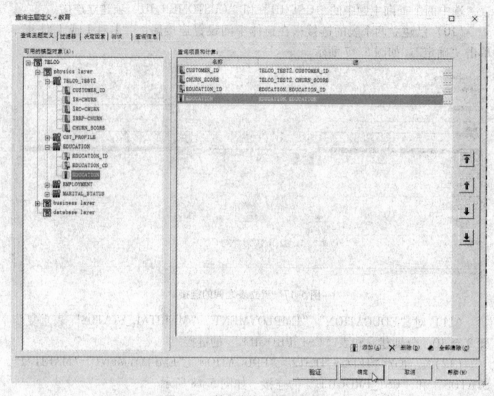

图 5.19　教育查询主题定义界面

（16）在"business layer"中右键单击"创建"→"查询主题"，创建一个名为"职业"的查询主题，点击"确定"。在"查询主题定义"窗体中将需要的表从"可用的模型对象"拖入到"查询项目和计算中"，点击"确定"。如图 5.20 所示。

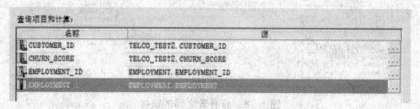

图 5.20　职业查询项目与计算界面

（17）在"business layer"中右键"创建"→"查询主题"，创建一个名为"婚姻"的查询主题，点击"确定"。在"查询主题定义"窗体中将需要的表从"可用的模型对象"拖入到"查询项目和计算中"，点击"确定"。如图 5.21 所示。

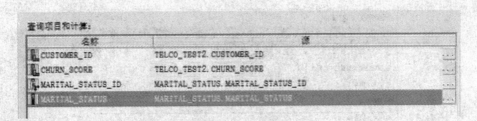

图 5.21 婚姻查询项目与计算界面

（18）分别选择"business layer"下已创建的查询"教育""职业""婚姻"，"右键"→"创建"→"快捷方式"。将创建好的快捷方式拖动到"database layer"中。如图 5.22 所示。

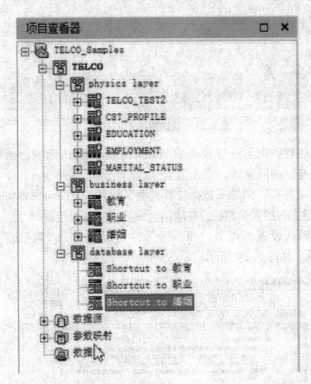

图 5.22 创建快捷方式并拖动到"database layer"中

（19）发布数据包，选择"数据包"选项"右键"→"创建"→"数据包"。在"创建数据包"窗体中输入数据包名称"TELCO_Samples"，点击"下一步"。

（20）在"创建数据包—定义对象"窗口中，只勾选"database layer"，点击"下一步"。如图 5.23 所示。

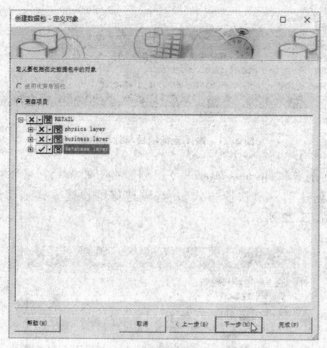

图 5.23 创建数据包的界面

（21）在"创建数据包—选择函数列表"中选择默认选项，点击完成。出现"是否发布数据包"询问窗体，点击"是"。

（22）在"'发布'向导—选择位置类型"窗体中，"content store 中的文件位置（F）:"设置数据包的发布路径，并取消选中"启用模板控制"，点击"下一步"。

（23）选择默认设置，点击"下一步"→"发布"→"完成"→"关闭"，完成元数据建模。如图 5.24 所示。

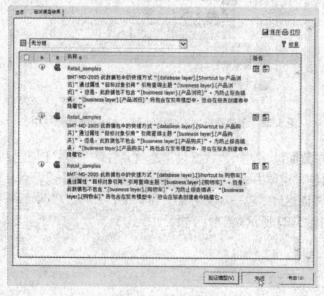

图 5.24 发布完成

（三）制作 Cognos BI 可视化图表

（1）通过浏览器访问：http：//172.20.2.75/ibmcognos/，进入门户网站后点击"我的主页"，进入"IBM Cognos Connection"界面。如图 5.25 所示。

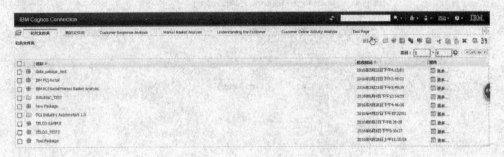

图 5.25　IBM Cognos Connection 界面

（2）在右上角选择"启动"→"Report Studio"。

（3）在"选择数据包"页面，根据 Cognos Framework Manager 创建的数据包保存路径"Cognos＞我的文件夹＞Sample ＞TELCO_Samples"找到数据包，双击"TELCO_Samples"。如图 5.26 所示。

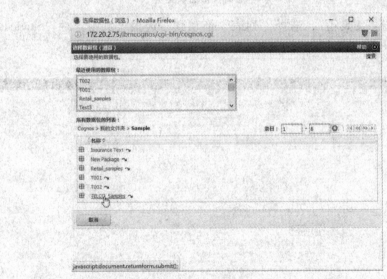

图 5.26　选择数据包

（4）进入 IBM Cognos Report Studio 主页面，选择"新建"。新建一个"列表"，点击"确定"。

（5）在左侧的可插入对象中，展开"database layer"目录，再展开"Shortcut to 教育"，选择需要展示的对象，拖动到右边的列表中。

（6）在左侧选项卡中，点击"工具箱"，选择"图表"，并拖动到右边报表页中，选择所需的图标样式，点击"确定"。

（7）把用户想要展示在图表上的数据拖到图表各个属性中，将"CHURN_

SCORE"拖到图表中的"默认度量"中,"EDUCATION"拖到图表中的"类别"中。如图 5.27 所示。

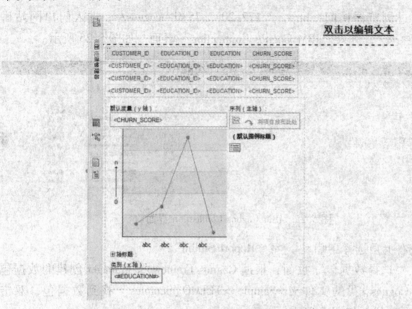

图 5.27　编辑教育图表类别

(8) 点击"工具箱",选择"列表"拖动到右边报表页中,对"Shortcut to 职业""Shortcut to 婚姻"重复步骤步骤 (5)~(7)。如图 5.28 所示。

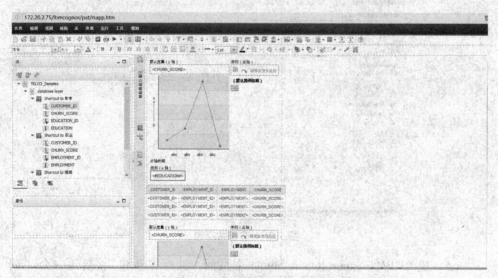

图 5.28　编辑职业和婚姻图表类别

(9) 点击工具栏中的"运行"按钮,跳转至报表展示页。

通过图 5.29 和图 5.30 可知教育程度与客户流失可能性的关系为:教育程度越高的客户,在产品使用的过程中流失的可能性越高。

CUSTOMER_ID	EDUCATION_ID	EDUCATION	CHURN_SCORE
117	1	Assoc Degree	49.95834987
78	2	Bachelors Degree	41.71429657
27	3	GRAD	11.82738476
103	4	Grad / Post-grad degree	46.05358594
6	5	HHIF	2.08926657
11	6	HIFH	5.28571583
289	8	High School Grad	143.80956425
81	9	No High School diploma	41.30358274
271	10	POSTGRAD	121.04765724
262	12	Some College	110.63694181
36	13	U	12.53571943
12	14	UNDERGRAD	5.14881122

图 5.29 教育报表展示

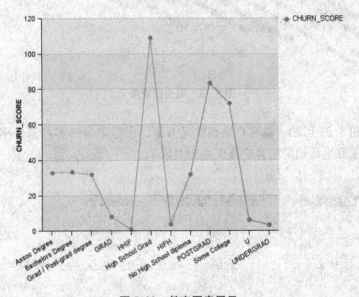

图 5.30 教育图表展示

通过图 5.31 和图 5.32 可知：在客户职业情况方面，工作越不稳定的客户，流失的可能性越高。相反有比较稳定的全职工作的客户忠诚度较高。

CUSTOMER_ID	EMPLOYMENT_ID	EMPLOYMENT	CHURN_SCORE
569	1	Employed full-time	256.83341347
44	2	Employed full-time, Student	22.11310139
177	3	Employed part-time	77.64288211
8	4	Employed part-time, Stay at home parent	3.7559535
12	5	Employed part-time, Student	6.1190493
192	6	Not currently employed	85.29169373
160	7	Retired	79.0000224
69	8	Stay at home parent	31.30358114

图 5.31 职业报表展示

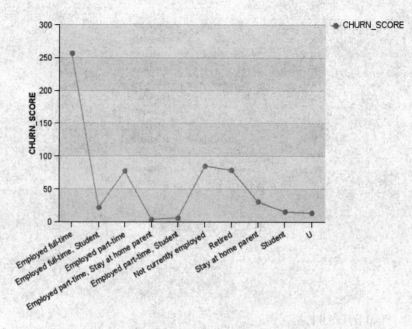

图 5.32 职业图表展示

通过图 5.33 可知：在客户婚姻状况方面，还是单身的客户流失率相对较高，已结婚并家庭生活稳定的客户流失率相对较低。

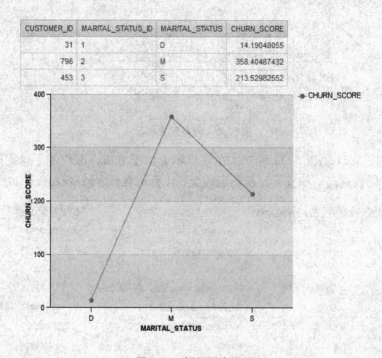

图 5.33 婚姻图表展示

通过对客户的一些基本情况的分析，可以大概预测客户在使用电信产品时流失的可能性。这种流失预测数据可以用于电信企业针对不同的客户群所进行的有针对性的营销。同时，可以通过用户在使用产品过程中的反应预测客户的流失倾向，为电信企业做客户关系维护提供有利的信息支持。

第二节 保险行业案例

一、实验目的

1. 熟悉保险行业背景，在 SPSS Modeler 中选用合适的模型对保险行业的客户流失率进行预测分析；

2. 在 Cognos Framework Management 中选取合适的数据表进行关联；

3. 在 Cognos BI 中发布可视化图表，能够说明数据之间的关系，并得出预测结果。

二、实验原理

随着信息社会的发展，如何通过数据分析的方法有效地分析海量数据，并从中找到有用的信息已经成为一种趋势。

本实验我们选取了 Auto Churn.str 模型来分析电信行业的客户流失率，做分析的主要字段（投保人人口、投诉、索赔、信息满意度），采用的是决策树算法。该算法 CHAID 能自动读取客户的详细信息，如投诉、索赔、满意度和人口变量，并自动提供每个客户的流失倾向。

三、实验内容

首先将 SPSS Modeler 中建立的与保险行业相关的合适模型导出到数据库中，接着在 Cognos FM 中发布数据包，最后在 Cognos BI 中制作可视化图表。

四、实验步骤

（一）SPSS Modeler 建立模型

（1）打开 SPSS Modeler 之后，建立新的流，拖动左下方【源】中的【数据库】节点到编辑栏中。

（2）双击打开数据库，选择数据源（administrator@ INSRNC）和表名称（IN-SURNC_1_0.INSURANCE_VIEW_2）；再点击应用和确定，如图 5.34 所示。

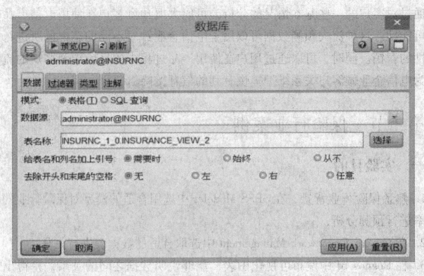

图 5.34 设置数据源节点

(3) 选择下方【字段选项】的【过滤器】节点，并单击鼠标右键，然后选择"连接"标签，进行连接，如图 5.35 所示。

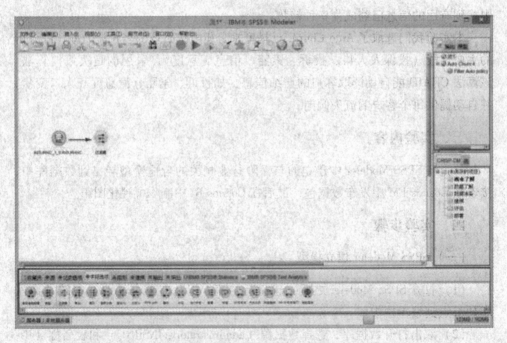

图 5.35 拖动过滤器节点

(4) 对【过滤器】进行配置，去掉不需要的 21 个字段，如图 5.36 至图 5.39 所示。

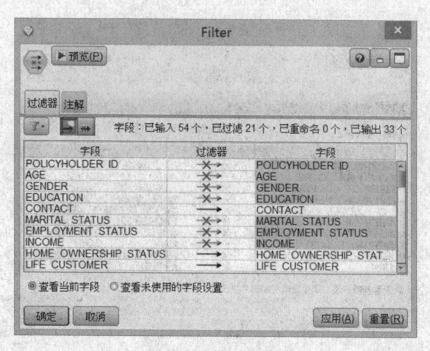

图 5.36 设置过滤器节点 1

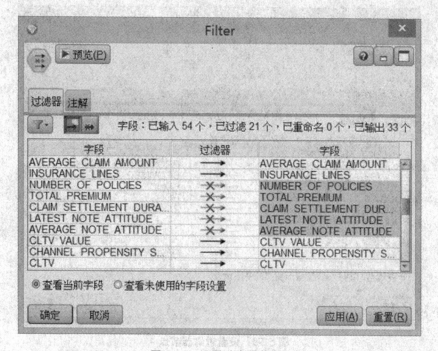

图 5.37 设置过滤器节点 2

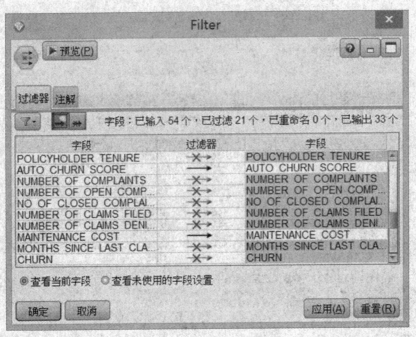

图 5.38　设置过滤器节点 3

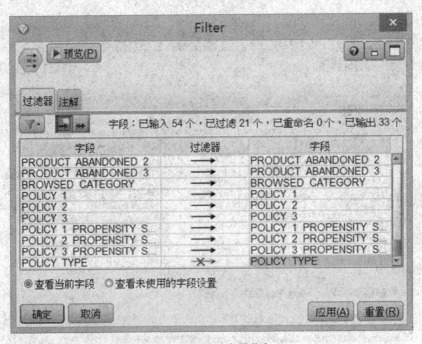

图 5.39　设置过滤器节点 4

(5) 点击 ![icon]，使得需输出与过滤的字段相交换，再点击应用和确定，如图 5.40 所示。

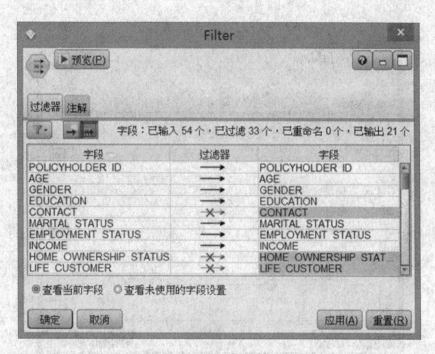

图5.40 设置过滤器节点5

（6）添加【记录选项】的【选择】节点，并连接，对【选择】节点进行配置，如图5.41所示。

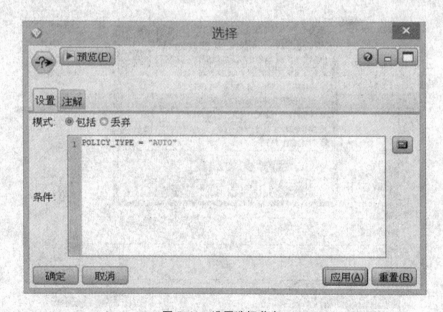

图5.41 设置选择节点6

（7）选择【字段选项】的【填充】节点，对【填充】节点进行配置，如图5.42所示。

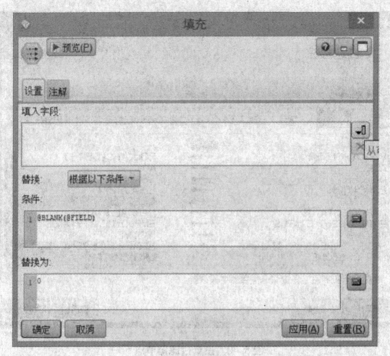

图 5.42　设置填充节点 7

点击，选择 CHURN，如图 5.43 所示。

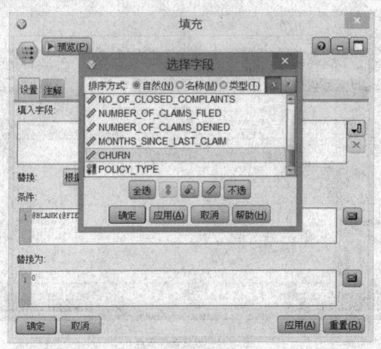

图 5.43　设置填充节点 8

（8）选择【字段选项】的【类型】节点，打开【类型】节点，选择读取值，点击应用和确定，如图 5.44 所示。

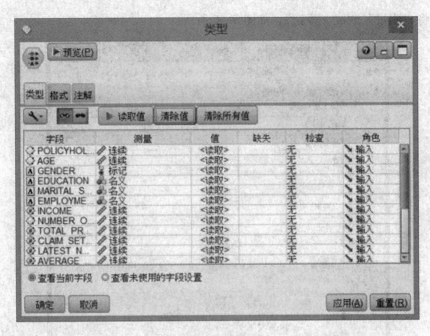

图 5.44　设置类型节点 9

（9）选择 CHURN 字段，双击出现如图 5.45 所示的界面。

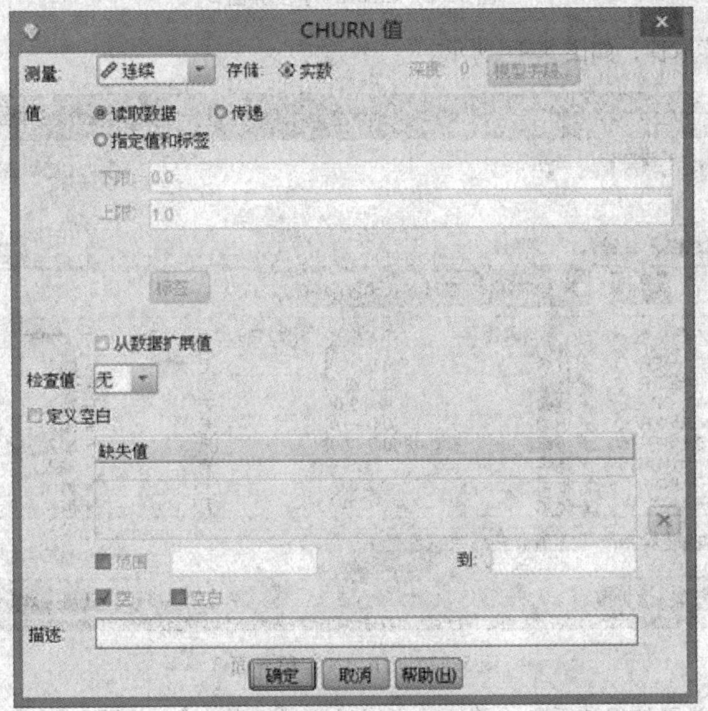

图 5.45　CHURN 字段界面 1

将"测量"改成"标记",如图 5.46 所示。

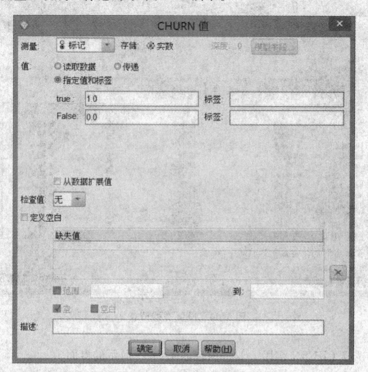

图 5.46　CHURN 字段界面 2

接着读取值,如图 5.47 所示。

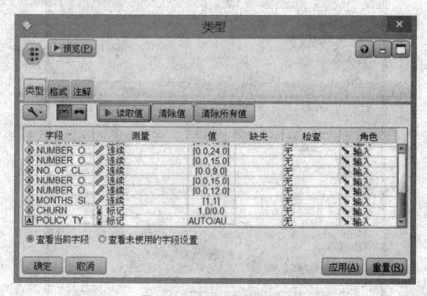

图 5.47　CHURN 字段界面 3

(10) 为了使得流看起来简便,可以设置【超节点】,如图 5.48 所示。

选中节点（黄色）

图 5.48 创建超节点 1

右键—选择【创建超节点】，如图 5.49 所示。

图 5.49 创建超节点 2

（11）查看超节点，点击流 1 下方的超节点，就能看到之前的节点，如图 5.50 至图 5.51 所示。

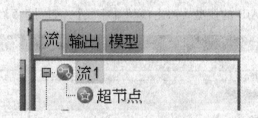

图 5.50 查看超节点 1

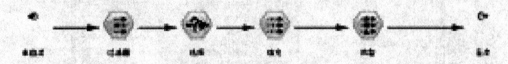

图 5.51 查看超节点 2

（12）添加【字段】选项中的【分区】节点，进行【分区】配置，如图 5.52 所示。

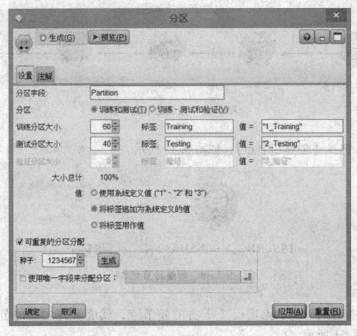

图 5.52 设置分区节

（13）选择 CHAID 的模型，双击模型【字段】，如图 5.53 所示。

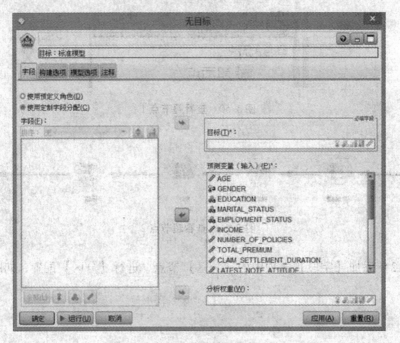

图 5.53 设置模型字段

（14）把预测变量中的 4 个变量移到字段中，如图 5.54 所示。

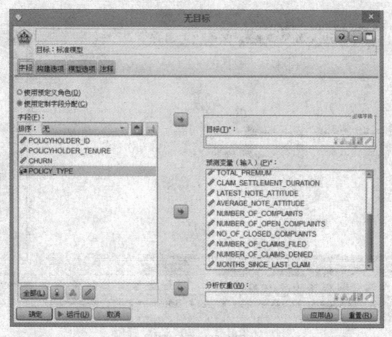

图 5.54 设置模型字段

(15) 再把 CHURN 字段移到目标中,如图 5.55 所示。

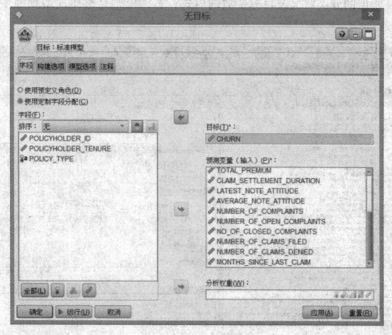

图 5.55 设置模型字段

(16) 点击运行就能出现模型,如图 5.56 所示。

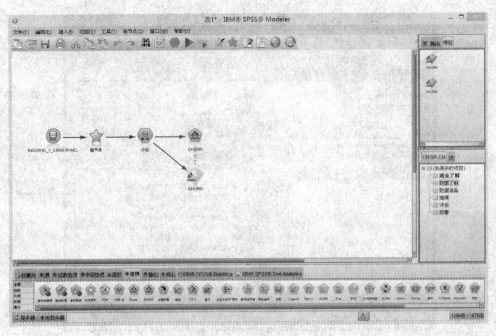

图 5.56 运行模型

打开模型,就能得到一些结果,如图 5.57 所示:左栏位使用文字树状展开,表现每一阶层的分类状况及目标变数的模式;右栏位则是整体模型预测变量的重要性比较。

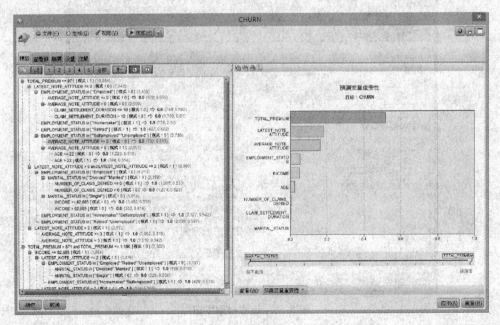

图 5.57 模型结果

可以发现最重要的分析变量为"TOTAL_PREMIUM""LATEST_NOTE_ATTITUDE"。

在查看器查看不同节点之间的关系，如图 5.58 所示，当"TOTAL_PREMIUM"取不同的值时，客户的满意度又由下一节点来分。

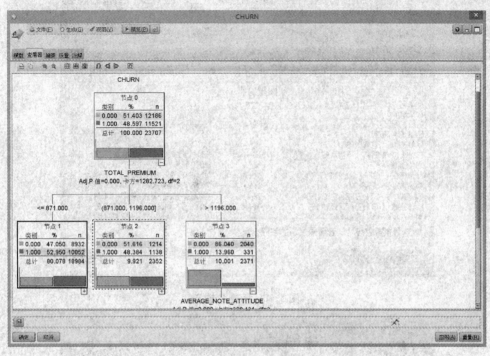

图 5.58 模型结果

（17）添加【过滤器】，对产生的数据进行筛选，只要 4 个字段，如图 5.59 至图 5.61 所示。

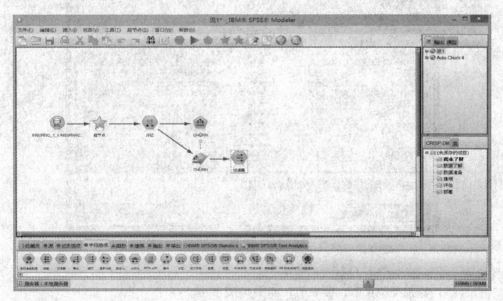

图 5.59 筛选数据 1

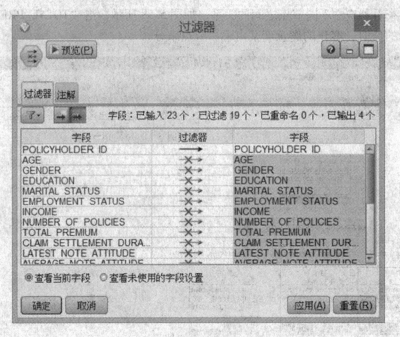

图 5.60 筛选数据 2

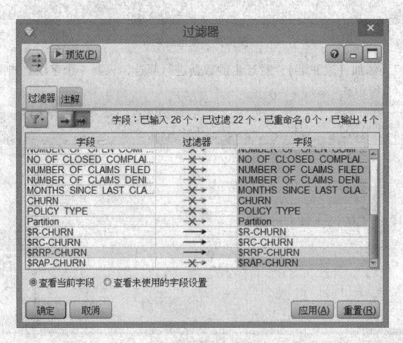

图 5.61 筛选数据 3

（18）添加类型字节，读取值，如图 5.62 所示。

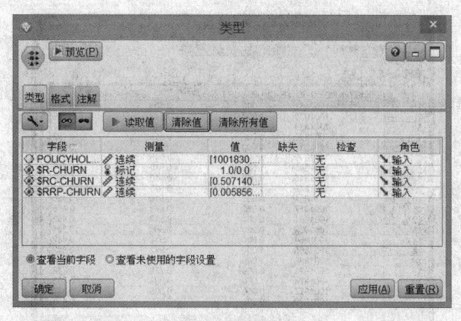

图 5.62 类型节点

（19）结果查看，可以用表格查看，如图 5.63 至图 5.64 所示。

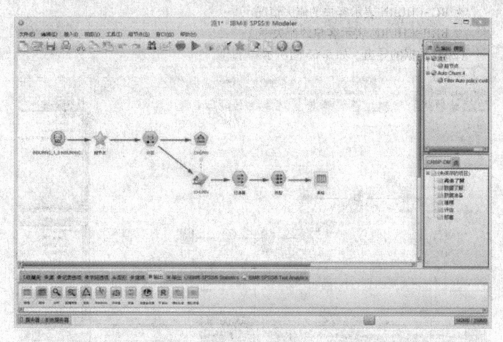

图 5.63 查看结果 1

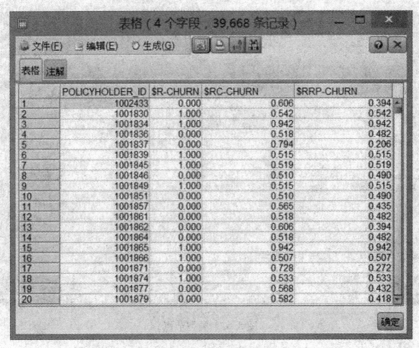

图 5.64 查看结果 2

$ RC-CHURN 表示客户的流失情况。

$ RRP-CHURN 表示客户的流失率。

(20) 数据的导出,如 5.65 图所示。

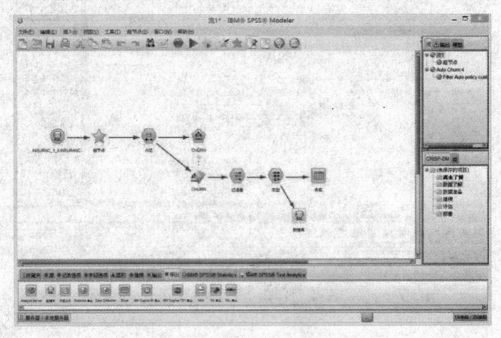

图 5.65 导出结果 1

选择数据源，并命名，如图 5.66 所示。

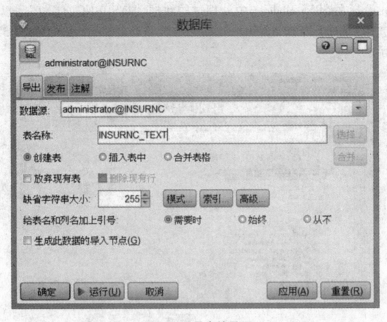

图 5.66　导出结果 2

（21）点击运行，数据就保存到数据库中，并可对保存的数据进行报表操作。

（二）Cognos Framework 发布数据包

（1）在开始菜单中启动 IBM Cognos Framework Manager，选择"创建新项目"选项。

（2）在"项目名称"中输入名称和目录位置，不需要选中"使用动态查询方式"选项，如图 5.67 所示。

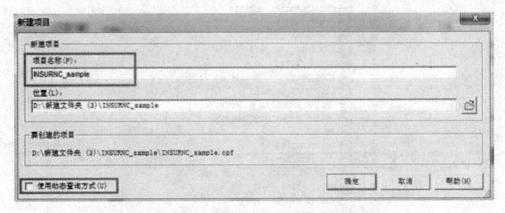

图 5.67　Cognos Framework Management 创建新项目

（3）语言选择默认选项即可。

（4）进入"元数据"向导—选择元数据源，选择"数据源"选项，点击"下一步"。

(5) 选择"INSURNC"数据源,点击"下一步"。

(6) 选择在 SPSS Modeler 中处理过的数据"INSURNC_TEXT",以及"INSURNC_1_0"中的"POLICYHOLDER_FACT",点击"下一步"如图 5.68 和图 5.69 所示。

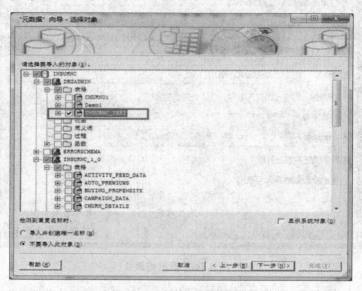

图 5.68　元数据向导选择对象 1

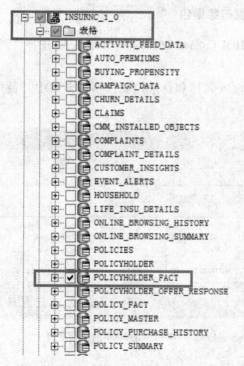

图 5.69　元数据向导选择对象 2

(7) 在"元数据"向导—生成关系中,不选中"使用主键和外键",点击"导入"。

(8) 然后,完成数据源的导入。

(9) 我们可以看到导入的数据"INSURNC",接下来选择"图"选项。如图5.70所示。

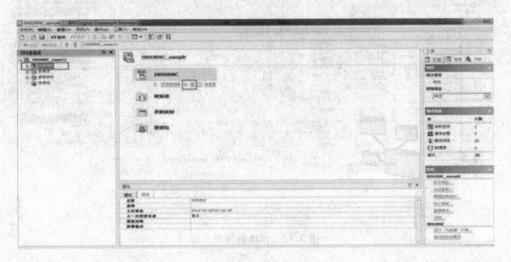

图 5.70 导入完成界面

(10) 从图 5.71 中,可以看到两张之前导入的数据表。

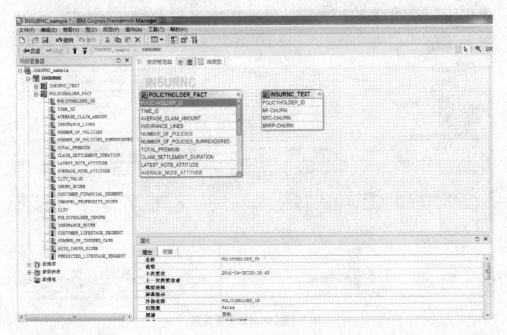

图 5.71 导入的数据表

（11）在"POLICYHOLDER_FACT"的"POLICYHOLDER_ID"中右键选择"创建""关系"。如图 5.72 所示。

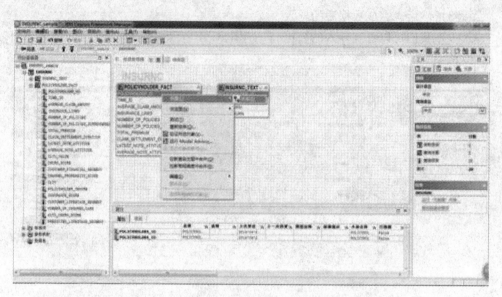

图 5.72　创建数据表关系

（12）在关系定义窗口右侧选择"查询主题"，然后选择"INSURNC_TEXT"，点击确定。如图 5.73、图 5.74 所示。

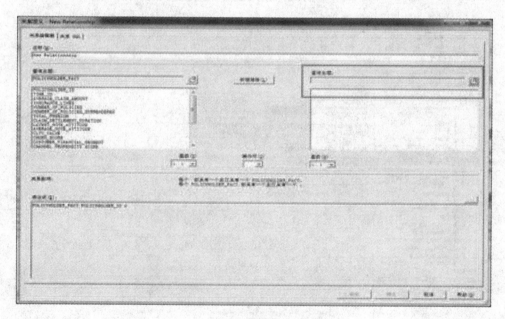

图 5.73　定义数据表关系

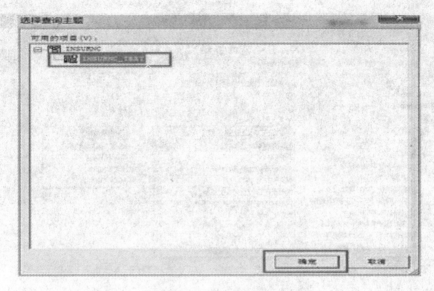

图 5.74　定义数据表关系

（13）已建立两个表的链接，在窗体中间可设置连接属性"1 对 1 或 1 对 n"。如图 5.75 所示。

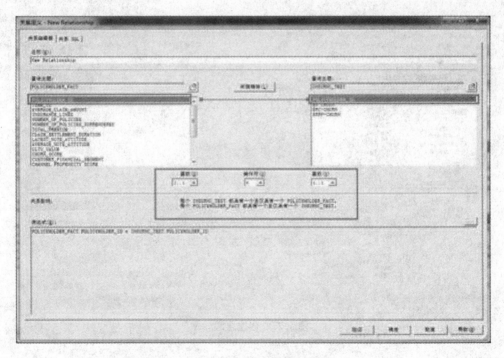

图 5.75　定义数据表关系

（14）如图 5.76，已建立 POLICYHOLDER_FACT 和 INSURNC_TEXT 的连接。

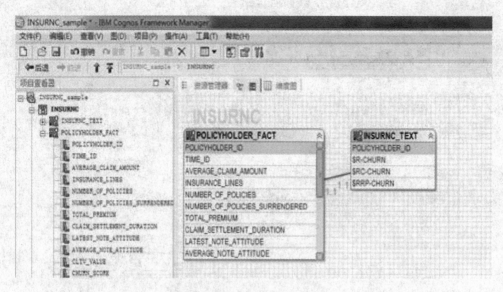

图 5.76 查看数据表关系

（15）在左侧"项目查看器"中的"INSURNC"下创建三个层级："physic layer""business layer""database layer"。如图 5.77、图 5.78 所示。

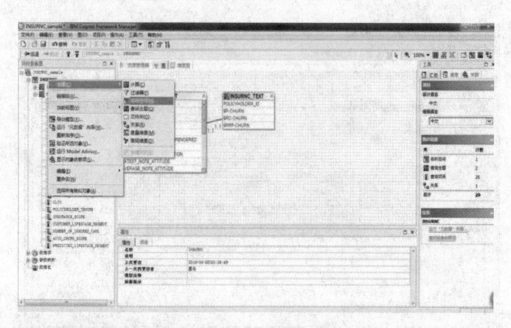

图 5.77 创建层级

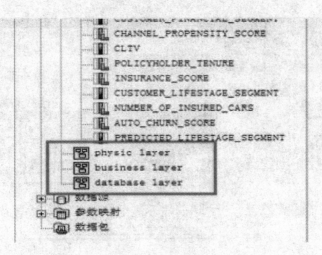

图 5.78 创建层级

(16) 将 INSURNC_TEXT 和 POLICYHOLDER_FACT 拖入 physic layer (物理业务层)。如图 5.79、图 5.80 所示。

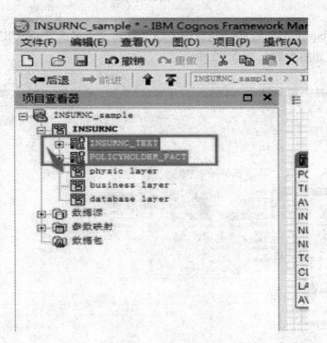

图 5.79 层级划分 1

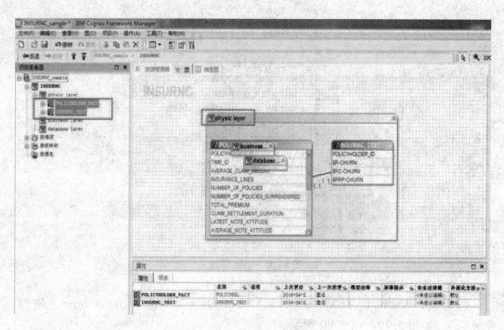

图 5.80 层级划分 2

（17）在 business layer 中创建查询主题，创建一个名为 "INSURNC_QUERY" 的查询主题。如图 5.81、图 5.82 所示。

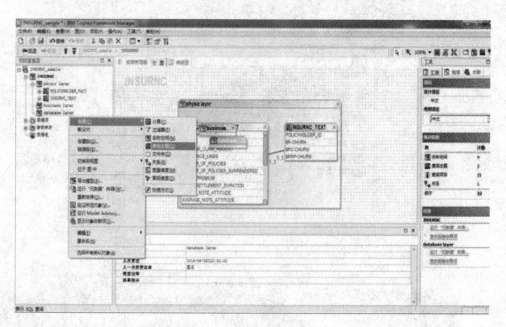

图 5.81 创建查询主题 1

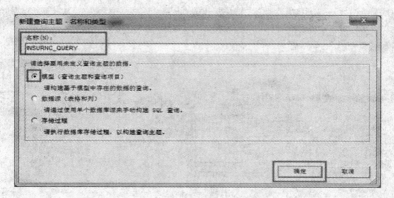

图 5.82 创建查询主题 2

（18）将需要的表从"可用的模型对象"拖入到"查询项目和计算中"，点击确定。如图 5.83 所示。

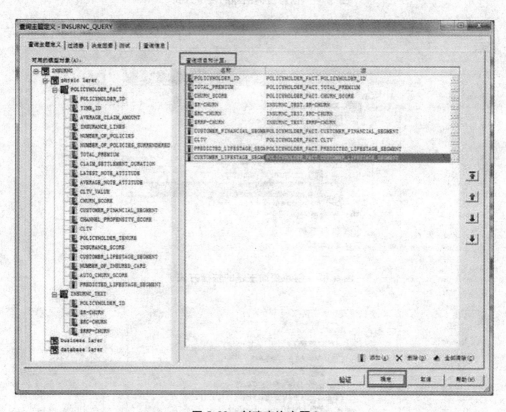

图 5.83 创建查询主题 3

（19）右键单击 business layer 下创建的查询主题，选择"创建"→"快捷方式"。如图 5.84 所示。

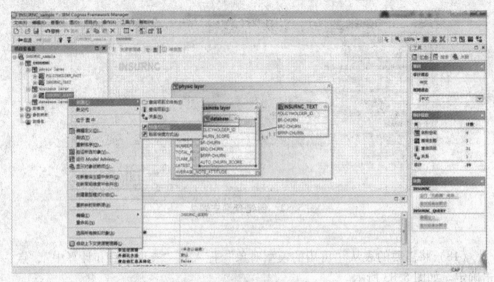

图 5.84　创建查询主题的快捷方式

（20）将创建好的快捷方式拖动到"database layer"中。如图 5.85、图 5.86 所示。

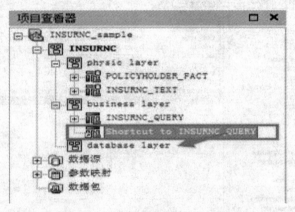

图 5.85　创建查询主题的快捷方式 1

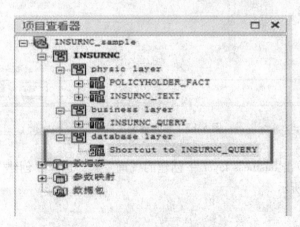

图 5.86　创建查询主题的快捷方式 2

（21）发布数据包，右键单击"项目查看器"中的"数据包"，选择"创建"→"数据包"。如图5.87所示。

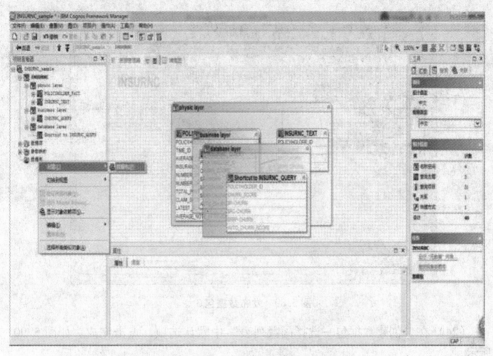

图5.87　发布数据包1

（22）创建数据包的名称，点击"下一步"。如图5.88所示。

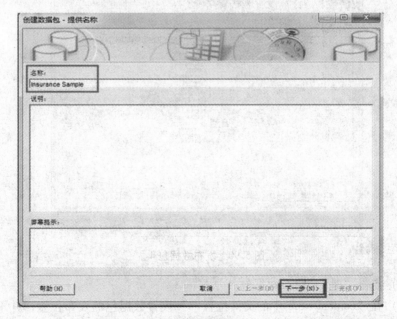

图5.88　发布数据包2

（23）在"创建数据包-定义对象"窗口中，只勾选"database layer"，点击"下一步"。如图 5.89 所示。

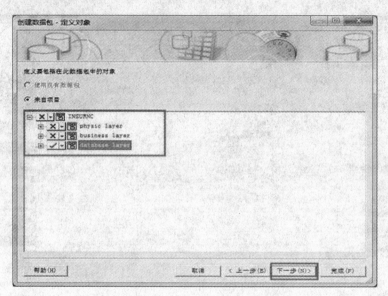

图 5.89　发布数据包 3

（24）在"创建数据包—选择函数列表"中默认选项，点击完成。如图 5.90 所示。

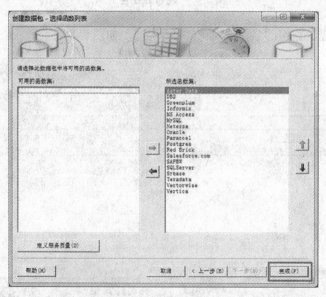

图 5.90　发布数据包 4

（25）点击"是"，发布数据包。

（26）在"content store 中的文件位置中"设置数据包的发布位置，并不选中"启用模板控制"，点击"下一步"。

（27）选择默认设置，点击"下一步"→"发布"→"完成"→"关闭"，完成元数据建模。

（三）制作 Cognos BI 可视化图表

通过浏览器访问：http://172.20.2.75/ibmcognos。进入门户后点击"我的主页"，在我的文件夹>Demo 下可以看到我们在 Framework Manger 中创建并发布的包"New Package"，接下来我们利用这个数据包进行简单的报表开发。如图 5.91 所示。

图 5.91　查看数据包

（1）在右上角选择"启动"→"Report Studio"。如图 5.92 所示。

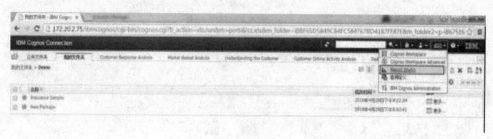

图 5.92　启动

（2）然后跳到"选择数据包"页面，在 Cognos>我的文件夹>Sample 目录下双击"New Package"。如图 5.93 所示。

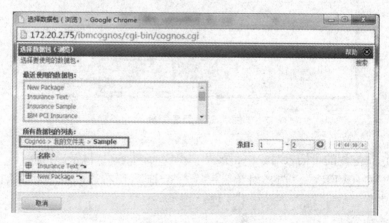

图 5.93　选择数据包

（3）进入 IBM Cognos Report Studio 主页面，选择"新建"。如图 5.94 所示。

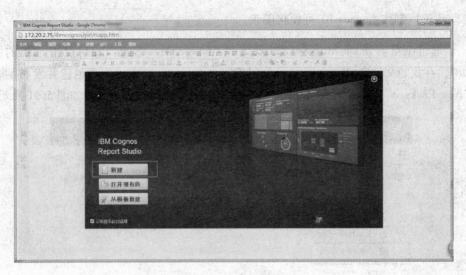

图 5.94　新建项目

（4）新建一个"列表"，点击"确定"。如图 5.95 所示。

图 5.95　新建列表

（5）在左侧的可插入对象中，展开"database layer"目录，再展开"Shortcut to INSURNC_QUERY"，选择对象，一个一个拖动到右边的列表中。如图 5.96 所示。

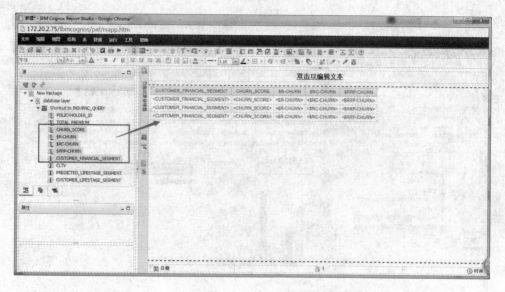

图 5.96 新建列表

(6) 在左侧选项卡中, 点击"工具箱", 选择"图表", 并拖动到右边报表页中, 选择图标样式, 点击"确定"。如图 5.97 所示。

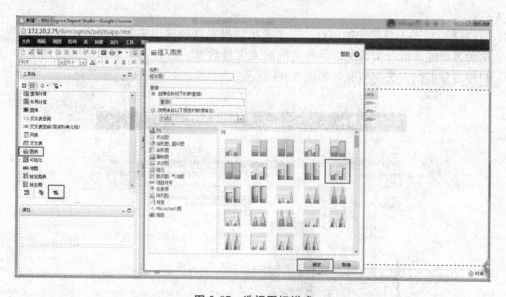

图 5.97 选择图标样式

(7) 将"CHURN_SCORE"拖到图表中的"默认度量"中, "PREDICTED_FINACIAL_SEGMENT"拖到图表中的"类别"中, "CUSTOMER_FINACIAL_SEGMENT"拖到图表中的"序列"中。如图 5.98 所示。

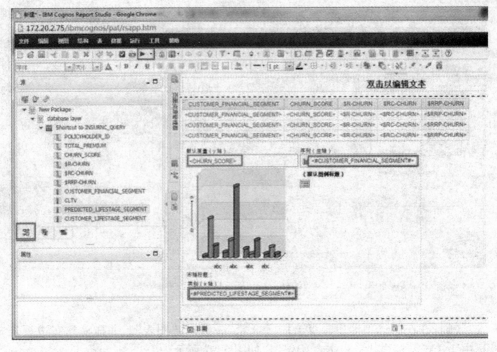

图 5.98 设置 X、Y 轴

（8）点击工具栏中的运行，一个简单的报表就展现出来了。报表主要给出了两种客户经济的分类情况以及相关的流失度量数据。图表则主要体现了这两类客户经济分群的流失率情况。如图 5.99 所示。

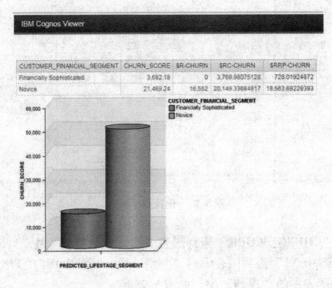

图 5.99 报表的呈现

第三节 零售行业案例

一、实验目的

1. 熟悉零售行业背景，在 SPSS Modeler 中选用合适的模型，根据零售行业消费者行为进行分类；

2. 在 Cognos Framework Management 中选取合适的数据表进行关联；

3. 在 Cognos BI 中发布可视化图表，能够说明数据之间的关系，并得出预测结果。

二、实验原理

聚类分析是研究"物以类聚"问题的分析方法。"物以类聚"问题在社会经济研究中心十分常见。聚类分析被用来发现不同的客户群，并且通过购买模式刻画不同的客户群的特征。聚类分析是细分市场的有效工具，同时也可用于研究消费者行为，寻找新的潜在市场、选择实验的市场，并作为多元分析的预处理。

例如，收集到大型商厦的客户自然特征、消费行为等方面的数据，客户群细分是常见的分析需求。可从客户自然特征和消费行为的分组入手，如根据客户的年龄、职业、收入、消费金额、消费频率、购物偏好等进行单变量分组，或者多变量的交叉分组。

本实验采用聚类模型分析消费者的上网购物行为，对消费者进行分类，主要根据消费者年龄、性别、职业、收入、会员等字段，把一些具有相似特点的消费者归为同一类。

三、实验内容

首先在 SPSS Modeler 中建立与零售行业相关的合适模型，并导出到数据库中，接着在 Cognos FM 中发布数据包，最后在 Cognos BI 中制作可视化图表。

四、实验步骤

（一）SPSS Modeler 建立模型

（1）打开数据文件。首先选择窗口底部节点选项板中的"源"选项卡，再点击"数据库"节点，单击工作区的合适位置，即可将"数据库"的源添加到流中。双击"数据库"，选择数据源和表名称"RETAIL_1_0.CUSTOMER_SUMMARY_DATA_VIEW"。如图 5.100 所示。

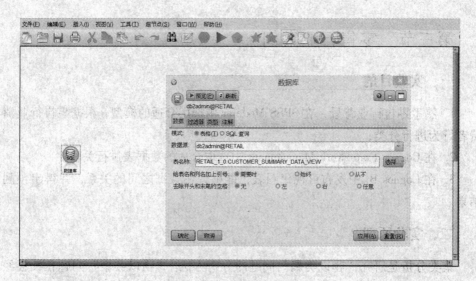

图 5.100 设置数据库来源

（2）首先选择窗口底部节点选项板中的"字段选项"选项卡，再点击"导出"节点，双击进行编辑。如图 5.101 所示，"导出字段"编辑为"CUST_ID_1"，"公式"编辑为"to_integer（CUST_ID）"。

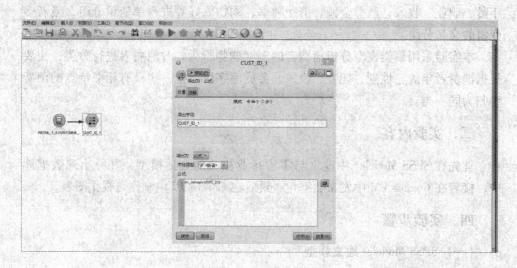

图 5.101 编辑导出节点

（3）在窗口底部节点选项板中的"字段选项"选项卡中，选择"导出"节点，双击进行编辑。如图 5.102 所示，"导出字段"编辑为"NEW_BUYER_CATEGORY"，"公式"编辑为 if PRODUCT_PURCHASED_TOTAL >= 2 then "RepeatBuyer" elseif PRODUCT_PURCHASED_TOTAL >= 1 then "Buyer" elseif PRODUCT_BROWSED_TOTAL >= 1 then "Product Viewer" else "Visitor" endif。

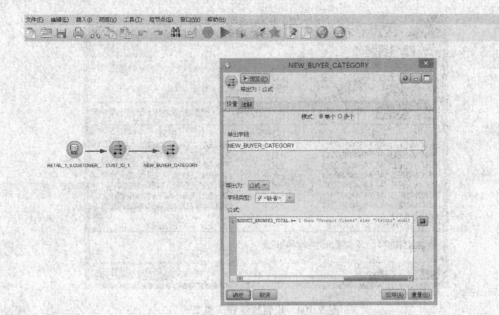

图 5.102　设置导出节点

（4）在窗口底部节点选项板中的"字段选项"选项卡中，选择"过滤器"节点，对字段进行过滤，并对新导出的字段进行重命名。如图 5.103、图 5.104 所示。

图 5.103　设置过滤器节点 1

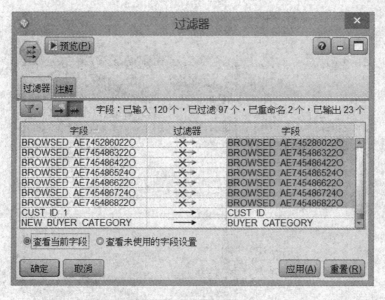

图 5.104 设置过滤器节点 2

（5）在窗口底部节点选项板中的"字段选项"选项卡中，选择"类型"节点，并读取其值。角色项的"输入"表示该字段要进行聚类分析。如图 5.105 所示。

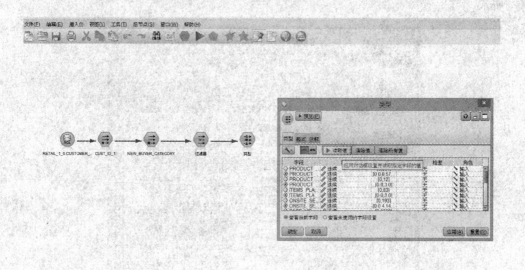

图 5.105 设置类型节点

（6）进行接入模型。这里使用两步聚类模型进行聚类分析。选择"建模"选项卡中的"两步"模型，对该节点进行设置，并运行，如图 5.106、图 5.107 所示。

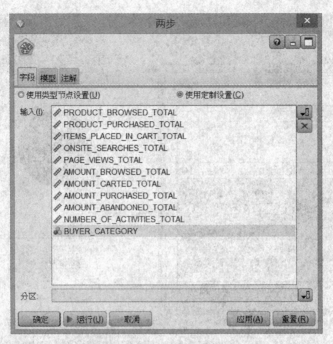

图 5.106 设置两步模型字段

图 5.107 设置两步模型

(7) 运行完毕后,可以在窗口看到"两步"聚类分析模型,双击该模型,即可得到聚类分析图,如图 5.108 所示。从图中可以发现,"两步"聚类分析得到的是五个类。

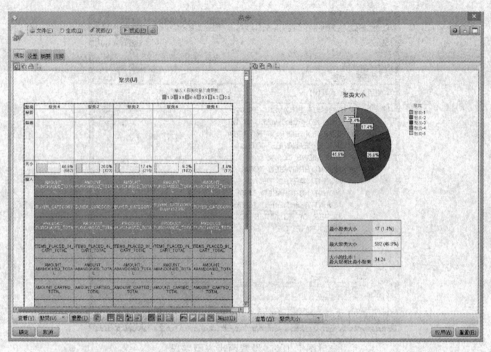

图 5.108 "两步"聚类分析图

(8) 左侧选中聚类,右侧"查看—聚类比较",可以看出不同所属类别的差异。如图 5.109 所示。

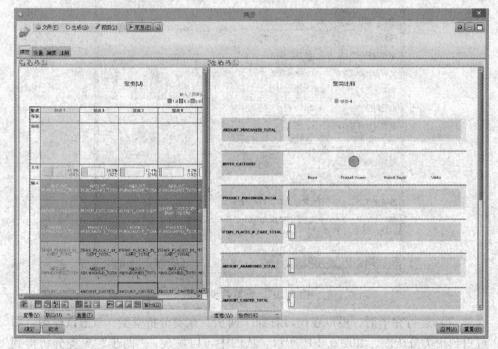

图 5.109 "两步"聚类比较

（9）在窗口底部节点选项板中的"字段选项"选项卡中，选择"导出"节点，如图5.110所示。"导出字段"编辑为"＄T-TwoStep_New"，"字段类型"选"分类"，"公式"编辑为 if '＄T-两步'='cluster-1' then "PRODUCT VIEWER" elseif '＄T-两步'='cluster-5' then "PROBABLE BUYER" elseif '＄T-两步'='cluster-3' then "REPEAT BUYER" elseif ('＄T-两步'='cluster-2' and BUYER_CATEGORY = "Buyer") then "BUYER" elseif ('＄T-两步'='cluster-4' and BUYER_CATEGORY = "Repeat Buyer") then "REPEAT BUYER" elseif '＄T-两步'='cluster-4' then "PRODUCT VIEWER" else "VISITOR" endif。

图5.110 设置导出节点

（10）选择"数据库"导出数据，如图5.111所示。

图 5.111 导出结果

(二) Cognos Framework 发布数据包

零售行业 Cognos 部分案例

(1) 在开始菜单中启动 IBM Cognos Framework Manager,选择"创建新项目"选项。

(2) 在"项目名称"中输入名称和目录位置。如图 5.112 所示。

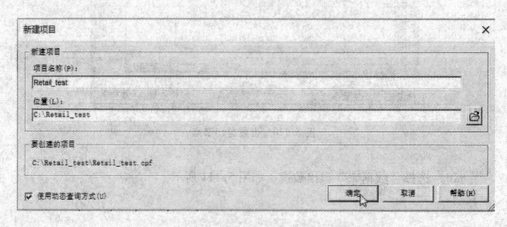

图 5.112 Cognos Framework Management 创建新项目

(3) 在"选择语言"中保持默认选项单击"确定"。进入"元数据"向导-选择元数据源,选择"数据源"选项,点击"下一步"。如图 5.113 所示。

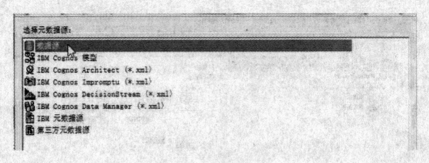

图 5.113 选择元数据源

(4) 选择"RETAIL"数据源,点击"下一步"。

(5) 在"'元数据'向导—选择对象"中选中经 SPSS Modeler 挖掘处理生成的表"RETAIL_TEXT01",以及"RETAIL_1_0"中的表"CUSTOMER",点击"下一步"。如图 5.114 所示。

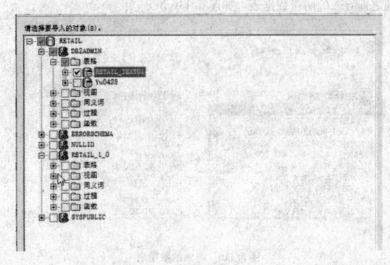

图 5.114 元数据向导—选择对象

(6) 在"'元数据'向导—生成关系"中,不选中"使用主键和外键",点击"导入"。

单击"完成"选项完成数据源的导入,进入"IBM Cognos Famework Manager"编辑页面。如图 5.115 所示。

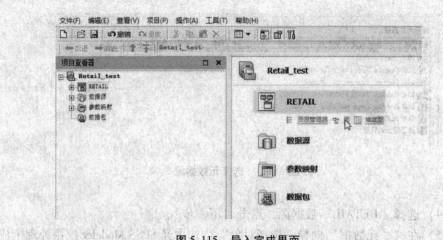

图 5.115 导入完成界面

（7）在左侧我们可以看到导入的数据"RETAIL"，在右侧双击"图"选项，可以看到之前导入的两张数据表。如图 5.116 所示。

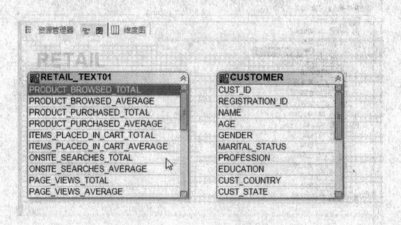

图 5.116 导入的数据表

（8）在"RETAIL_TEXT01"表中单击右键选择"创建"→"关系"，进入"关系定义"窗体。

（9）在关系定义窗口右侧选择"查询主题"，然后选择"CUSTOMER"表，选中两个查询主题中的"CUST_ID"项建立连接。

（10）已建立两个表的链接，在窗体中间设置连接属性"1 对 1 或 1 对 n"，单击"确定"。如图 5.117 所示。

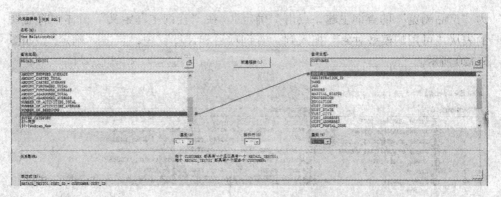

图 5.117　定义数据表关系

（11）如图 5.118 所示，已建立"RETAIL_TEXT01"和"CUSTOMER"的连接。

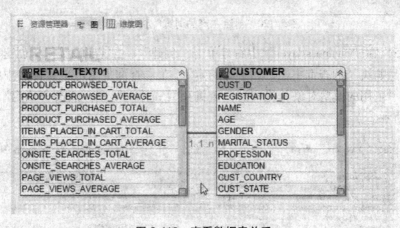

图 5.118　查看数据表关系

（12）在左侧"项目查看器"中的"RETAIL"下单击右键，"创建"→"名称空间"，分别创建三个层级："physics layer""business layer""database layer"。如图 5.119 所示。

图 5.119　创建层级

（13）将"RETAIL_TEXT01"和"CUSTOMER"拖入 physic layer（物理层）。

（14）在"business layer"中右键单击"创建"→"查询主题"，创建一个名为"产品浏览"的查询主题，点击"确定"。在"查询主题定义"窗体中将需要的表从"可用的模型对象"拖入到"查询项目和计算"中，点击"确定"。如图5.120所示。

图 5.120 创建"产品浏览"查询主题

（15）在"business layer"中右键单击"创建"→"查询主题"，创建一个名为"产品购买"的查询主题，点击"确定"。在"查询主题定义"窗体中将需要的表从"可用的模型对象"拖入到"查询项目和计算"中，点击"确定"。如图5.121所示。

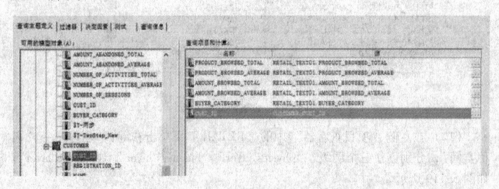

图 5.121 创建"产品购买"查询主题

（16）在"business layer"中右键单击"创建"→"查询主题"，创建一个名为"购物车"的查询主题，点击"确定"。在"查询主题定义"窗体中将需要的表从"可用的模型对象"拖入到"查询项目和计算"中，点击"确定"。如图5.122所示。

图 5.122 创建"购物车"查询主题

（17）分别选择"business layer"下已创建的查询"产品浏览""产品购买""购物车"，"右键"→"创建"→"快捷方式"。将创建好的快捷方式拖动到"database layer"中。如图5.123所示。

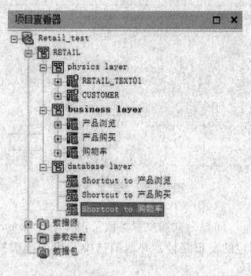

图5.123 创建查询主题的会计方式

（18）发布数据包，选择"数据包"选项"右键"→"创建"→"数据包"。在"创建数据包"窗体中输入数据包名称"Retail_Samples"，点击"下一步"。

（19）在"创建数据包—定义对象"窗口中，只勾选"database layer"，点击"下一步"。如图5.124所示。

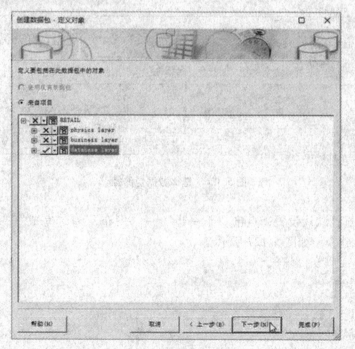

图5.124 发布数据包

(20)在"创建数据包—选择函数列表"中默认选项,点击完成。出现"是否发布数据包"询问窗体,点击"是"。如图 5.125 所示。

图 5.125　发布数据包

(21)在"'发布'向导—选择位置类型"窗体中,"content store 中的文件位置(F):"设置数据包的发布路径,并取消选中"启用模板控制",点击"下一步"。如图 5.126 所示。

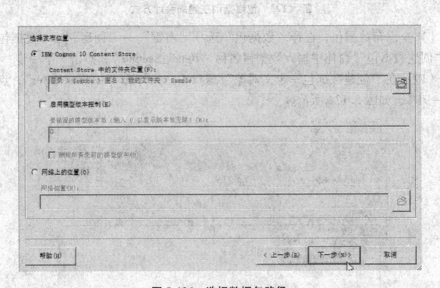

图 5.126　选择数据包路径

(22)选择默认设置,点击"下一步"→"发布"→"完成"→"关闭",完成元数据建模。如图 5.127 所示。

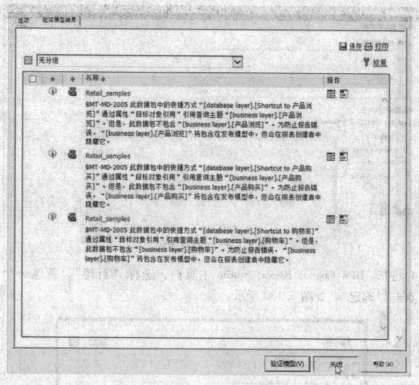

图 5.127　完成元数据建模

（三）制作 Cognos BI 可视化图表

（1）通过浏览器访问：http：//172.20.2.75/ibmcognos，进入门户网站后点击"我的主页"，进入"IBM Cognos Connection"界面。如图 5.128 所示。

图 5.128　查看数据包

（2）在右上角选择"启动"→"Report Studio"。

（3）在"选择数据包"页面，根据 Cognos Framework Manager 创建的数据包保存路径"Cognos＞我的文件夹＞Sample＞Retail_samples"找到数据包，双击"Retail_samples"。如图 5.129 所示。

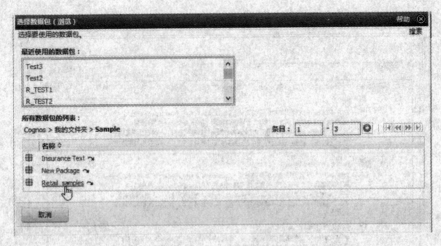

图 5.129 选择数据包

（4）进入 IBM Cognos Report Studio 主页面，选择"新建"。新建一个"列表"，点击"确定"。如图 5.130 所示。

图 5.130 新建列表

（5）在左侧的可插入对象中，展开"database layer"目录，再展开"Shortcut to 产品浏览"，选择需要展示的对象，拖动到右边的列表中。如图 5.131 所示。

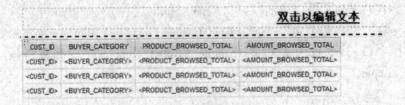

图 5.131 新建列表

（6）在左侧选项卡中，点击"工具箱"，选择"图表"，并拖动到右边报表页中，选择所需的图标样式，点击"确定"。如图5.132所示。

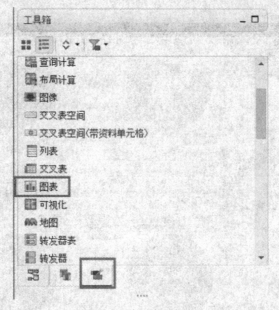

图5.132 创建图表

（7）把用户想要展示在图表上的数据拖到图表各个属性中，将"PRODUCT_BROWSED_TOTAL"拖到图表中的"默认度量"中，"BUYER_CATEGORY"拖到图表中的"序列"中。如图5.133所示。

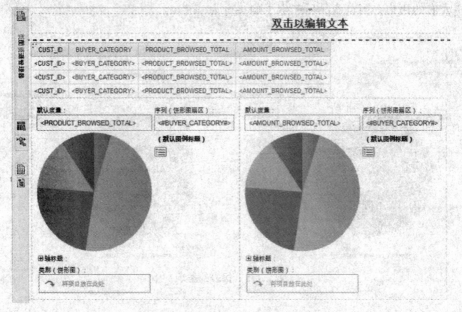

图5.133 设置图表属性

（8）点击"工具箱"，选择"列表"拖动到右边报表页中，对"Shortcut to 产品购买""Shortcut to 购物车"重复图131至图133步骤：如图5.134所示。

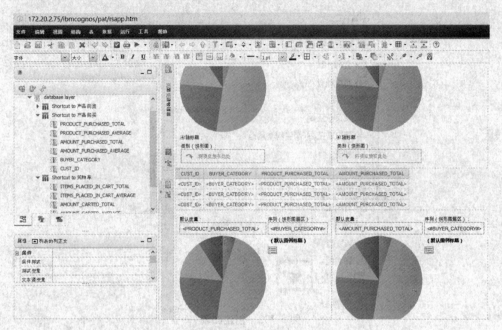

图 5.134　设置图表

（9）点击工具栏中的"运行"按钮，跳转至报表展示页。

由图5.135可知，浏览产品的用户群中，84%左右只是浏览产品，并没有产生购买行为；有13%的浏览量是再次购买产品（回头客）用户产生的；其余仅有3%左右的用户在浏览商品后产生了购买行为。

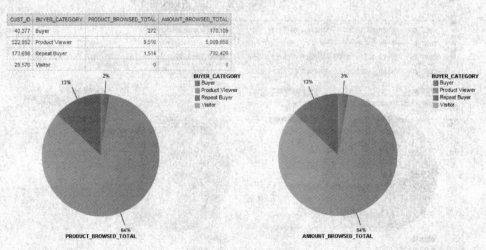

图 5.135　报表的呈现

由图 5.136 可知，在购买产品的用户群体中，有 92% 的用户是再次购买该产品的客户，仅有 8% 左右的新用户群体。

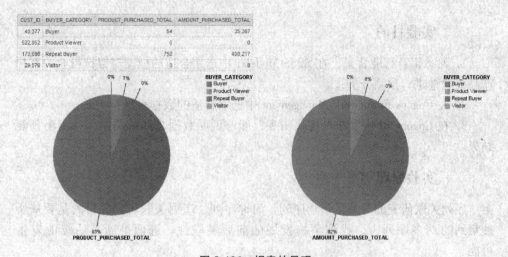

图 5.136　报表的呈现

由图 5.137 可知，在将该产品加入购物车的用户群体中，有 61% 左右是没有购买，仅浏览了该产品的用户；有 35% 左右是重复购买该产品的用户；4% 左右是产生购买行为的用户。

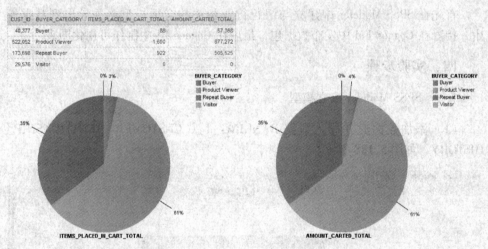

图 5.137　报表的呈现

从上面的数据可以看出，该零售商的产品消费者中以重复购买的消费者为主，即老客户的比率较高，所以在做客户关系维护的时候，应重点考虑对购买过产品的客户的关系维护以及对客户的激励。新用户的比例较小，浏览商品的转化率较低，零售商应在营销手段、新用户的挖掘上做出调整。

第四节 银行行业案例

一、实验目的

1. 熟悉银行行业背景，在 SPSS Modeler 中选用合适的模型对银行行业的客户产品关联性进行预测分析；

2. 在 Cognos Framework Management 中选取合适的数据表进行关联；

3. 在 Cognos BI 中发布可视化图表，能够说明数据之间的关系，并得出预测结果。

二、实验原理

序列关联研究的对象是事物序列，简称序列。序列关联研究的目的是要从所搜集到的众多序列中，找到事物发展的前后关联性，进而推断其后续的发生可能。

本实验中用序列分析模型，分析银行客户的历史产品购买数据，并得出哪种产品客户的购买率最高，以及哪些产品的关联度高。

三、实验内容

首先在 SPSS Modeler 中建立与银行行业相关的合适模型，并导出到数据库中，接着在 Cognos FM 中发布数据包，最后在 Cognos BI 中制作可视化图表。

四、实验步骤

（一）SPSS Modeler 建立模型

（1）添加数据源并导入数据 BANKING_1_0.CUSTOMER_RELATIONSHIP_HISTORY，如图 5.138 所示。

图 5.138 设置数据源节点

（2）添加"字段选项"中的类型，双击"读取值"，给每个字段添加数值，并与数据库连接。如图5.139所示。

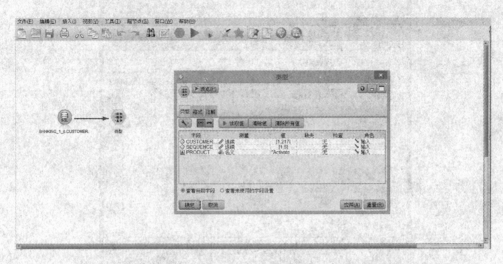

图5.139 设置类型节点

（3）选择"关联—序列"模型，并连接。如图5.140所示。

图5.140 选择模型

（4）对序列分析模型进行字段的选择，标识字段选择CUSTOMERID（客户ID）；在使用时间字段前面打勾，并选择SEQUENCE（序列）字段；内容字段选择PRODUCT（产品）。如图5.141所示。

图 5.141　选择模型字段

（5）对序列分析模型进行设计，不同的设置会得到不同的结果，"要添加到流的预测"指利用置信度最高的前几个序列关联规则对案例进行推测。这里我们采取的设置如图 5.142 所示。

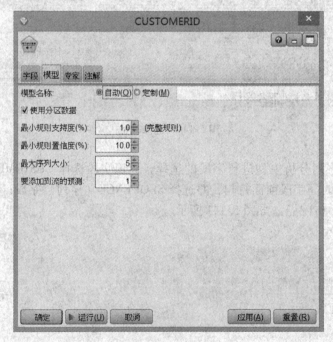

图 5.142　设置模型

（6）如图 5.143，"简单"表示采用 SPSS Modeler 默认的参数建立模型，默认值如窗口所示；也可以选择"专家"，自行设置参数。我们这里采用"简单"进行操作。

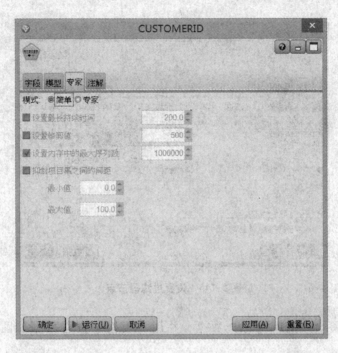

图 5.143　设置模型模式

（7）运行即可得到结果，如图 5.144 所示。

图 5.144　模型运行结果

在"模型"中我们可以看到不同产品的支持度和置信度。

（8）用字段选项—过滤器，对模型得到的数据进行过滤，得到需要的字段，在这里我们只保留如图 5.145 所示的字段。"＄S"开头的字段是给出置信度最高的 1 个规则的推测结果，"＄SC"是给出置信度最高的 1 个规则的置信度。

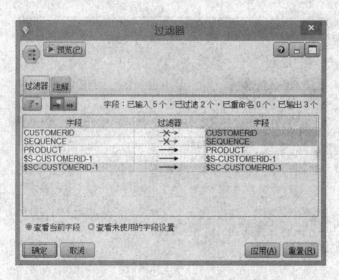

图 5.145　设置过滤器节点

（9）选择"数据库"导出数据，并用"表格"查看数据如图 5.146、图 5.147 所示。

图 5.146　导出数据

	PRODUCT	$S-CUSTOMERID-1	$SC-CUSTOMERID-1
1	Mortgage	Life Insurance	0.319
2	Home Insurance	Life Insurance	0.319
3	Personal Loan	Life Insurance	0.319
4	Travel Insurance	Activate Credit Card for International Use	0.344
5	Activate Credit Card for International Use	Life Insurance	0.319
6	Junior ISA	Life Insurance	0.297
7	Gadget Insurance	Life Insurance	0.297
8	Credit Card	Increase Credit Limit	0.667
9	Increase Credit Limit	Personal Loan	0.385
10	Personal Loan	Travel Insurance	0.136
11	Travel Insurance	Activate Credit Card for International Use	0.344
12	Activate Credit Card for International Use	Increase Credit Limit	0.160
13	Travel Insurance	Activate Credit Card for International Use	0.344
14	Credit Card	Activate Credit Card for International Use	0.344
15	Increase Credit Limit	Personal Loan	0.385
16	Travel Insurance	Activate Credit Card for International Use	0.344
17	Credit Card	Activate Credit Card for International Use	0.344
18	Mortgage	Home Insurance	0.400
19	Home Insurance	Activate Credit Card for International Use	0.344
20	Increase Credit Limit	Personal Loan	0.180
21	Personal Loan	Travel Insurance	0.136
22	Mortgage	Life Insurance	0.319

图 5.147 输出表格

我们发现 Mortgage 和 Life Insurance；Home Insurance 和 Life Insurance；Personal Loan 和 Life Insurance 同时出现的几率最高。

（10）整体的流的过程如图 5.148 所示。

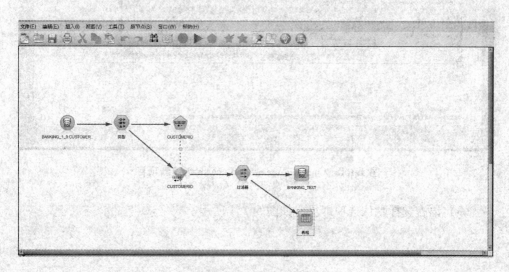

图 5.148 查看结果

（二）Cognos Framework 发布数据包

（1）在开始菜单中启动 IBM Cognos Framework Manager。如图 5.149 所示。

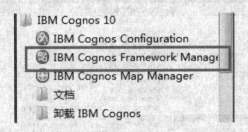

图 5.149　启动 IBM Cognos Framework Manager

（2）选择"创建新项目"选项。在"项目名称"中输入名称和目录位置，不需要选中"使用动态查询方式"选项，如图 5.150 所示。

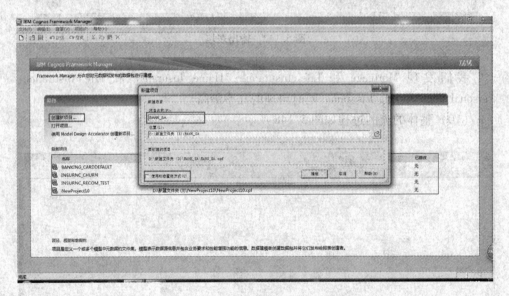

图 5.150　Cognos Framework Manager 创建新项目

（3）语言选择默认选项即可。如图 5.151 所示。

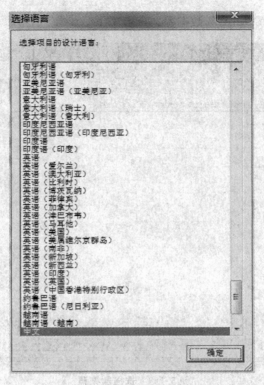

图 5.151　选择默认语言

（4）进入"元数据"向导—选择元数据源，选择"数据源"选项，点击"下一步"。如图 5.152 所示。

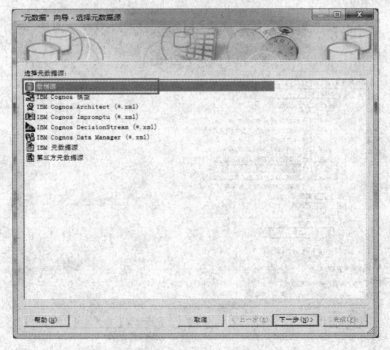

图 5.152　选择元数据库

(5) 选择"BANKING"数据源,点击"下一步"。如图 5.153 所示。

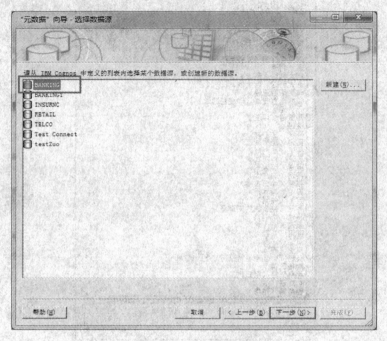

图 5.153 选择数据源

(6) 选择"BANKING_1_0"中的"CUSTOMER_TRANSACTIONS",以及在 SPSS Modeler 提升过的数据"BANKING_TEXT01",点击"下一步",如图 5.154、图 5.155 所示。

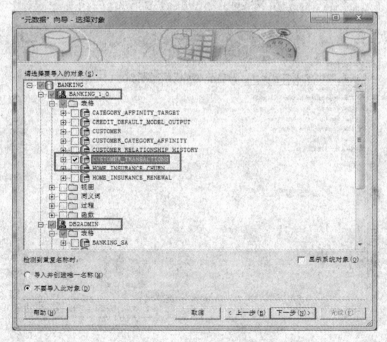

图 5.154 元数据向导选择对象

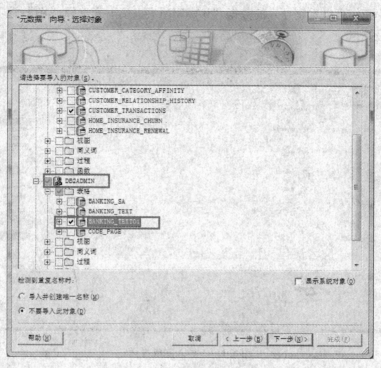

图 5.155 元数据向导选择对象

（7）在"元数据"向导—生成关系中，不选中"使用主键和外键"，点击"导入"。然后，完成数据源的导入。如图 5.156 所示。

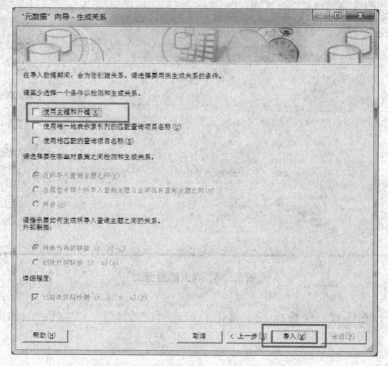

图 5.156 元数据向导—生成关系设置

(8) 我们可以看到导入的数据"BANKING",接下来选择"图"选项。如图5.157所示。

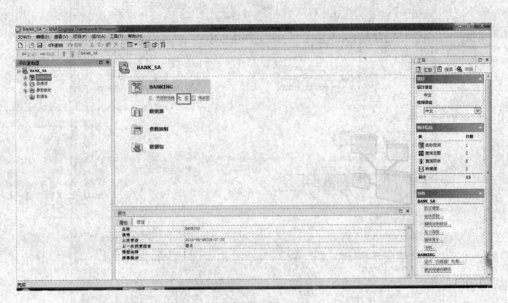

图 5.157 导入完成界面

(9) 从图 5.158 可以看到两张之前导入的数据表。

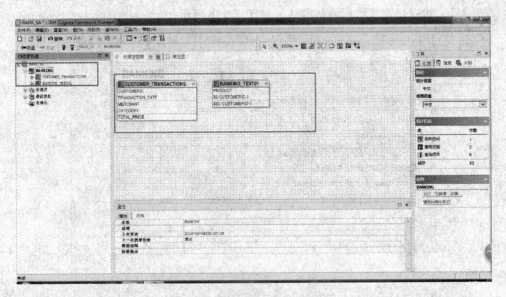

图 5.158 导入的数据表

(10) 在任意一张数据表中单击右键选择"创建""关系"。如图 5.159 所示。

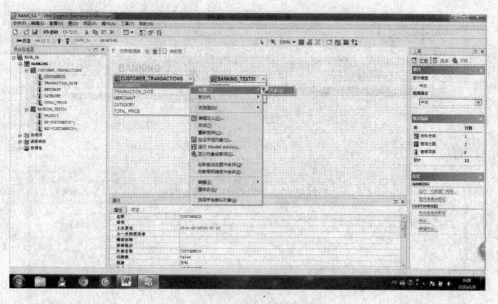

图 5.159 创建数据表关系

（11）在关系定义窗口右侧选择"查询主题"，然后选择需要与上一步的数据表建立关系的数据表，点击确定，并且选择两个相同属性建立对应关系。如图 5.160、图 5.161 所示。

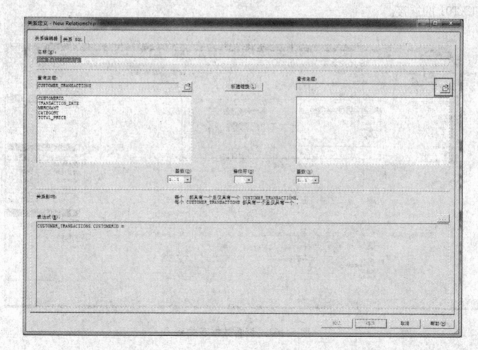

图 5.160 定义数据表关系 1

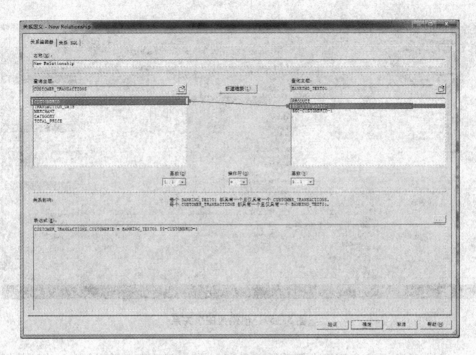

图 5.161　定义数据表关系 2

（12）如图 5.162 所示，已建立 CUSTOMER_TRANSACTIONS 和 BANKING_TEXT01 的连接。

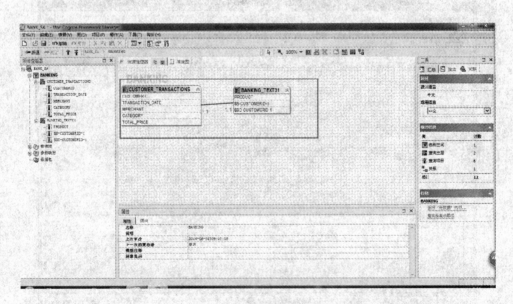

图 5.162　查看数据表关系

（13）在左侧"项目查看器"中的"BANKING"下创建三个层级："physic layer""business layer""database layer"。如图 5.163、图 5.164 所示。

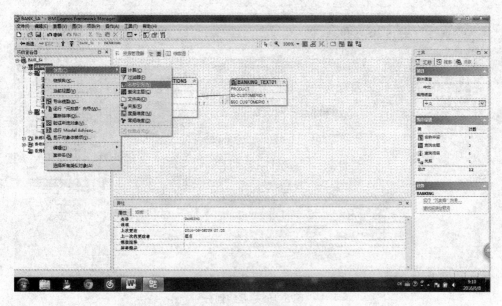

图 5.163　创建层级

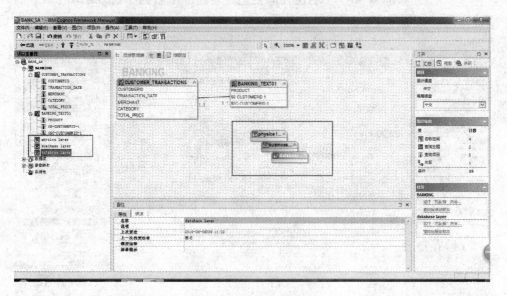

图 5.164　创建层级结果

（14）将 BANKING 中的数据表拖入 physic layer（物理业务层）。如图 5.165 所示。

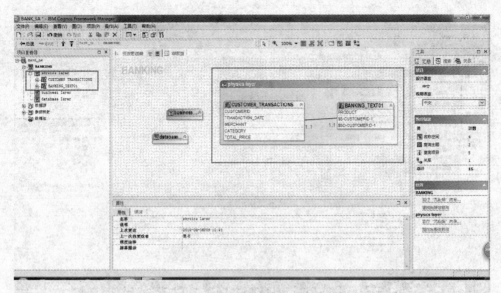

图 5.165　层级划分

（15）在 business layer 中创建查询主题，创建一个名为"BANKING_SA"的查询主题。如图 5.166、图 5.167 所示。

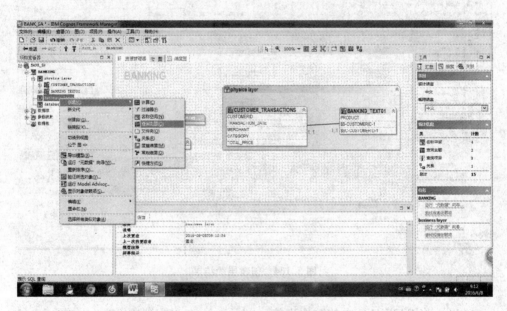

图 5.166　创建查询主题 1

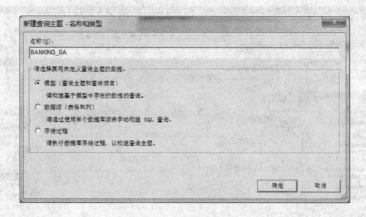

图 5.167　创建查询主题 2

（16）将需要的表从"可用的模型对象"拖入到"查询项目和计算中"，点击确定。如图 5.168 所示。

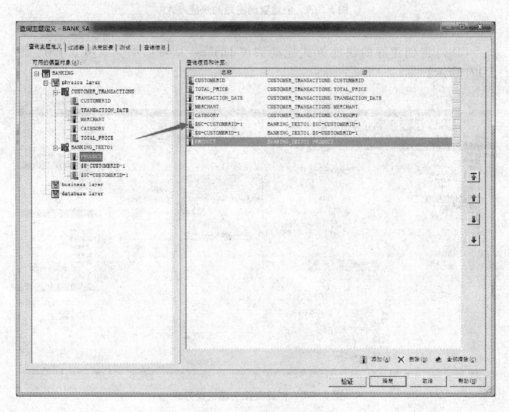

图 5.168　创建查询主题

（17）右击 business layer 下创建的查询主题，选择"创建"→"快捷方式"。如图 5.169 所示。

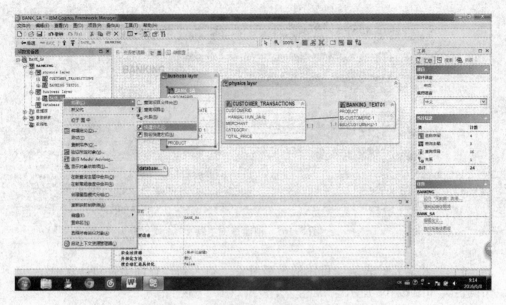

图 5.169　创建查询主题的快捷方式

（18）将创建好的快捷方式拖动到"database layer"中。如图 5.170、图 5.171 所示。

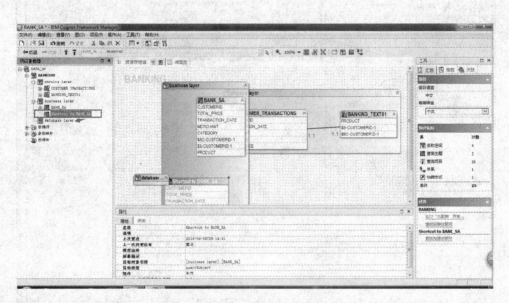

图 5.170　创建查询主题快捷方式

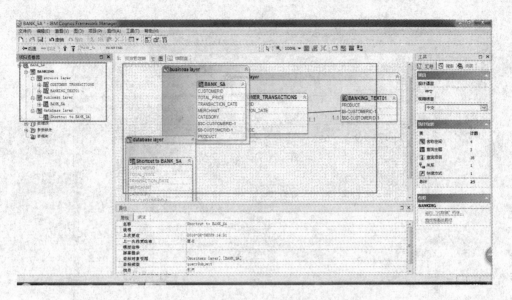

图 5.171　创建查询主题快捷方式结果

（19）发布数据包，右键单击"项目查看器"中的"数据包"，选择"创建"→"数据包"。如图 5.172 所示。

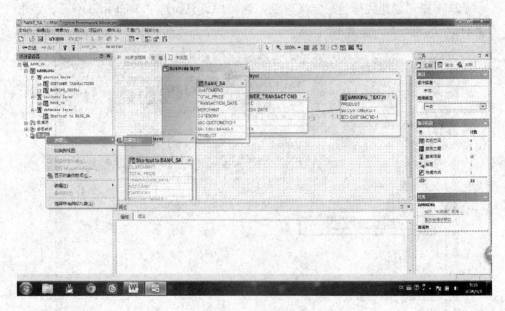

图 5.172　发布数据包 1

（20）创建数据包的名称，点击"下一步"。如图 5.173 所示。

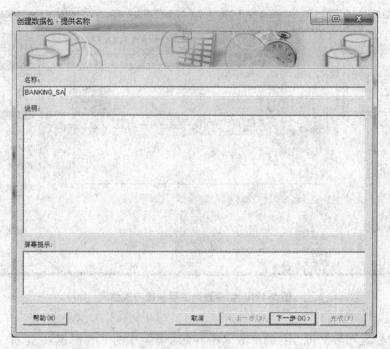

图 5.173　发布数据包 2

（21）在"创建数据包—定义对象"窗口中，只勾选"database layer"，点击"下一步"。如图 5.174 所示。

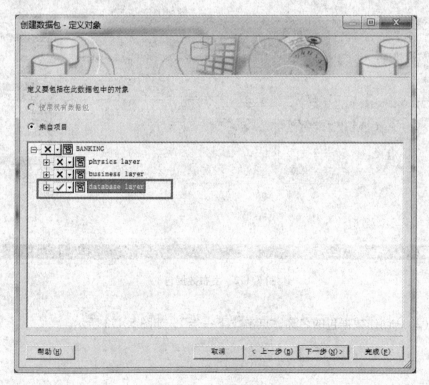

图 5.174　发布数据包 3

（22）在"创建数据包—选择函数列表"中默认选项，点击完成。如图 5.175 所示。

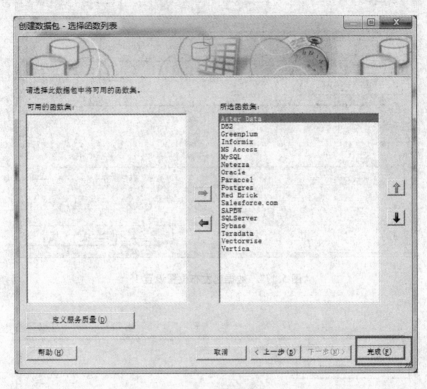

图 5.175　发布数据包 4

（23）点击"是"，发布数据包。如图 5.176 所示。

图 5.176　发布数据包 5

（24）在"content store 中的文件位置中"设置数据包的发布位置，可以像下面的步骤一样建立新的文件夹，也可以不建立，并不选中"启用模板控制"，点击"下一步"。如图 5.177 至图 5.180 所示。

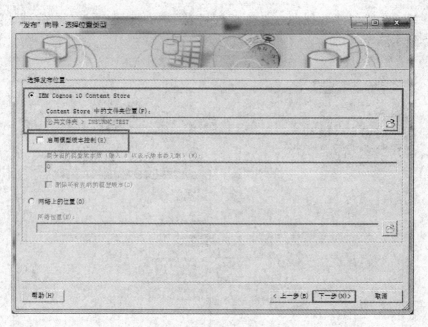

图 5.177　数据包发布位置设置 1

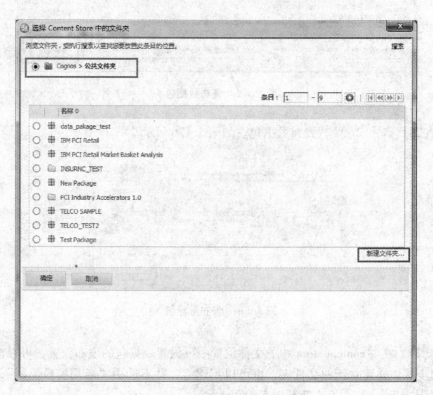

图 5.178　数据包发布位置设置 2

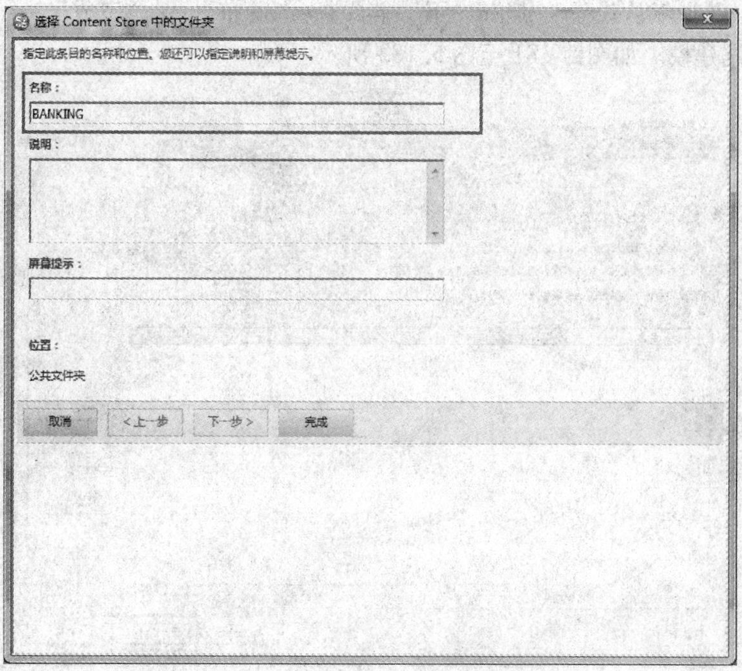

图 5.179　数据包发布位置设置 3

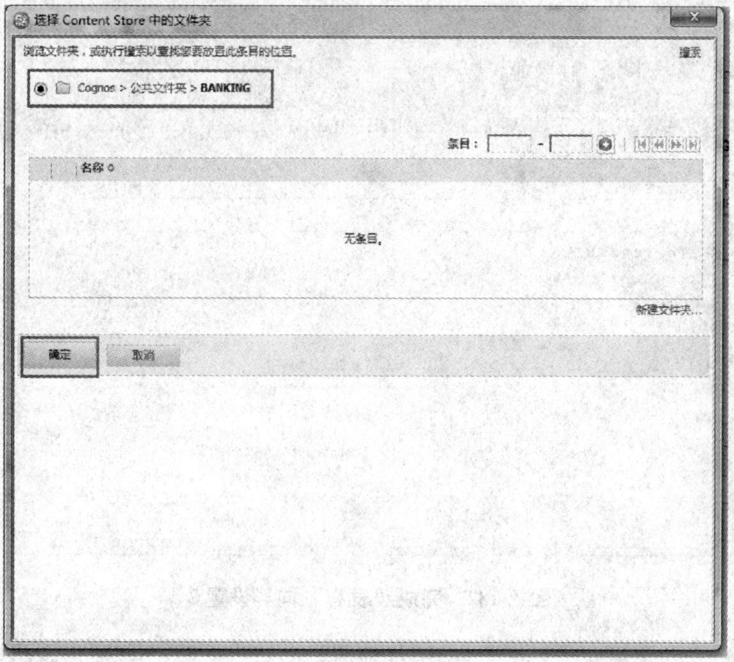

图 5.180　数据包发布位置设置 4

（25）选择默认设置，点击"下一步"→"发布"→"完成"→"关闭"，完成元数据建模。如图 5.181 至图 5.183 所示。

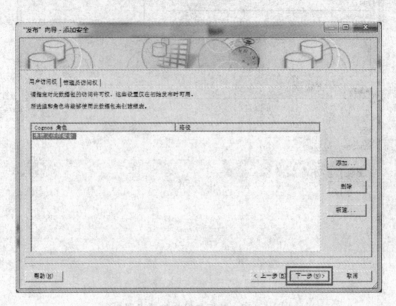

图 5.181 完成"发布"向导设置 1

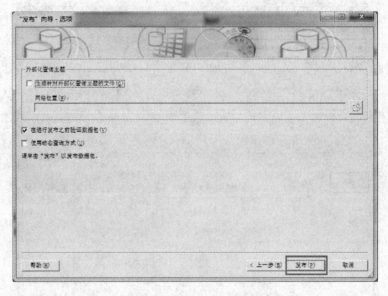

图 5.182 完成"发布"向导设置 2

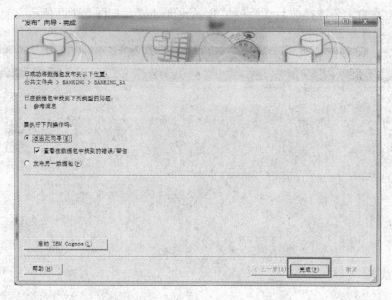

图 5.183　完成"发布"向导设置 3

（三）创建 Cognos BI 可视化报表

通过浏览器访问：http://172.20.2.75/ibmcognos/。进入门户后点击"我的主页"，如图 5.184 所示。在公共文件夹>BANKING 下可以看到我们在 Framework Manger 中创建并发布的包"BANKING_SA"，接下来我们利用这个数据包进行简单的报表开发。

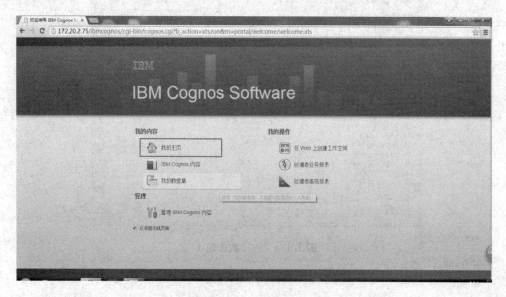

图 5.184　打开 Cognos BI

（1）在右上角选择"启动"→"Report Studio"。如图 5.185 所示。

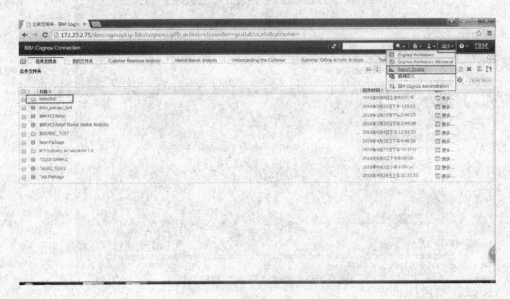

图 5.185　查看数据包并启动

（2）然后跳到"选择数据包"页面，在 Cognos>公共文件夹>BANKING 目录下单击"BANKING_SA"。如图 5.186、图 5.187 所示。

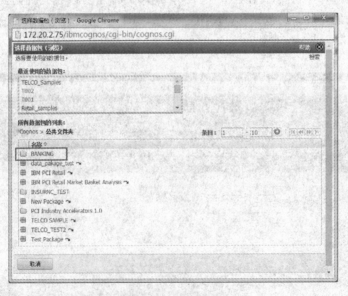

图 5.186　选择数据包 1

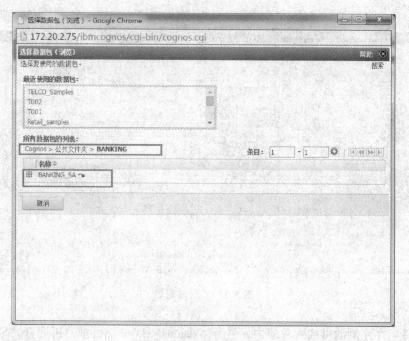

图 5.187 选择数据包 2

(3) 进入 IBM Cognos Report Studio 主页面,选择"新建"。如图 5.188 所示。

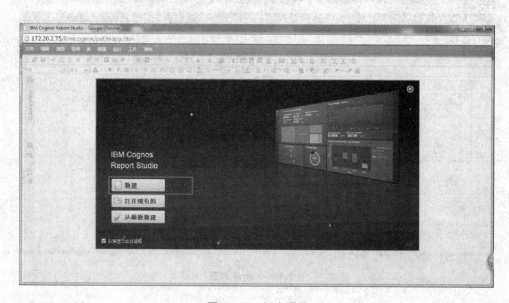

图 5.188 新建项目

(4) 新建一个"列表",点击"确定"。如图 5.189 所示。

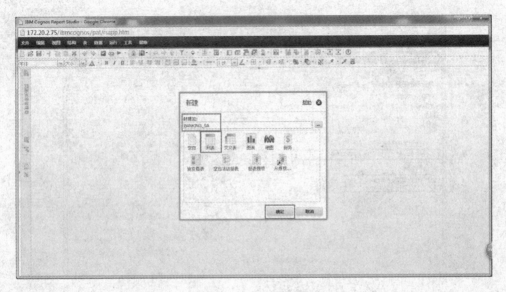

图 5.189 新建列表

（5）在左侧的可插入对象中，展开"database layer"目录，再展开"Shortcut to BANKING_SA"，选择对象，一个一个拖动到右边的列表中。如图 5.190 所示。

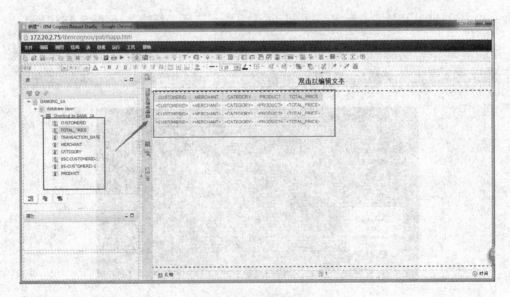

图 5.190 新建列表

（6）在左侧选项卡中，点击"工具箱"，选择"图表"，并拖动到右边报表页中，选择图标样式，点击"确定"。如图 5.191、图 5.192 所示。

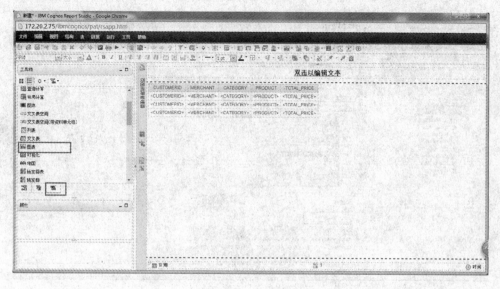

图 5.191　新建图表

图 5.192　选择图标样式

（7）在数据列中选择想要呈现在图表上的属性拖动到图表的相应属性中，并点击运行。如图 5.193 所示。

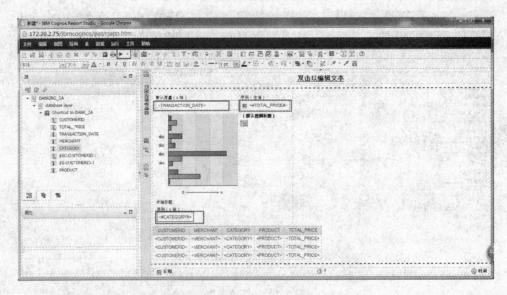

图 5.193 设置 X、Y 轴

（8）点击工具栏中的运行，一个简单的报表就展现出来了，如图 5.194 所示。根据本案例的模型和相关数据表，得出以下的图表和报表结果。

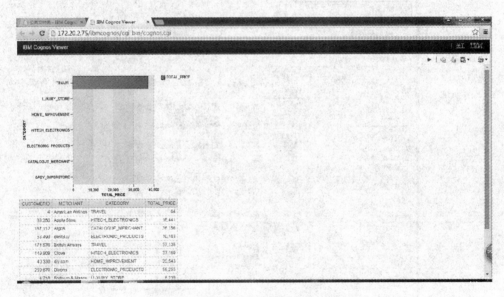

图 5.194 报表呈现

图表的结果显示客户购买的各类产品和购买的总价格之间的关系。

图表下面的报表则显示了客户购买的产品、产品类型和总价格的情况。

附录 A　使用报表的配置

IBM 的预测性客户智能使用报表监测提供的各种提议或建议。

如果用户使用 IBM 企业营销管理（IBM Enterprise Marketing Management，EMM）作为推荐发生器，那么数据来源于用于记录提议的系统表。如果用户使用 IBM 分析决策管理（IBM Analytical Decision Management）作为推荐发生器，那么只有那些被提出的提议能在日志表中找到。在这种情况下，如果用户想要获取接受和拒绝的信息，用户可以创建自定义扩展呼叫中心或 Web 应用程序。

要配置使用报表，首先必须配置事件记录，然后用户必须填充预测性客户智能数据库。该步骤能否做到这一点取决于用户使用的是企业营销管理的推荐发生器还是分析决策管理的推荐发生器。

使用报表将作为示例安装的一部分。欲了解更多信息，请参阅 Microsoft Windows 操作系统，或者适用于 Linux 操作系统的 IBM 预测性客户智能安装指南。IBM 提供的 IBM Knowledge Center 预测性客户智能安装指南（www.ibm.com/support/knowledgecenter/SSCJHT_1.0.1）。

预测性客户智能数据库表

IBM 的预测性客户智能定制数据库包含以下 11 个表和它们的属性：

广告活动

该活动主数据表中包含的报价属于广告活动，如下图所示：

Colun	Data Type
CAMPAIGN_ID	INTEGER(4)
LANGUAGE_ID	INTEGER(4)
CAMPAIGN_CD	VARGRAPHIC(50)
CAMPAIGN_NAME	VARGRAPHIC(200)
CAMPAIGN_DESCRIPTION	VARGRAPHIC(500)
START_DATE	DATE(4)
END_DATE	DATE(4)

渠道

该渠道的主数据表中包含了与客户之间的互动沟通渠道，如下图所示：

Column	Data Type
CHANNEL_ID	INTEGER(4)
LANGUAGE_ID	INTEGER(4)
CHANNEL_CD	VARGRAPHIC(50)
CHANNEL_NAME	VARGRAPHIC(200)

索引查找

该索引查找主数据表包含外键，如下图所示：

Column	Data Type
KEY_LOOKUP_ID	BIGINT(8)
TABLE_NAME	VARGRAPHIC(50)
KEY_LOOKUP_CD	VARGRAPHIC(50)

PCI 日历

该 PCI_CALENDAR 主数据表包含日历，如下图所示：

Column	Data Type
PCI_DATE	DATE(4)
LANGUAGE_ID	INTEGER(4)
YEAR_NO	INTEGER(4)
MONTH_NO	INTEGER(4)
QUARTER_NO	INTEGER(4)
MONTH_NAME	VARGRAPHIC(20)
QUARTER_NAME	VARGRAPHIC(20)
WEEKDAY_NO	INTEGER(4)
WEEKDAY_NAME	VARGRAPHIC(10)
YEAR_CAPTION	VARGRAPHIC(10)
PERIOD_NO	INTEGER(4)
PERIOD_NAME	VARGRAPHIC(25)
WEEK_IN_PERIOD	INTEGER(4)
WEEK_IN_PERIOD_CAPTION	VARGRAPHIC(25)

PCI 语言

该 PCI_LANGUAGE 主数据表包含用于全球化的语言代码，如下图所示：

Column	Data Type
LANGUAGE_ID	INTEGER(4)
LANGUAGE_CD	VARGRAPHIC(50)
LANGUAGE_NAME	VARGRAPHIC(50)

PCI 时间

此主数据表包含时间，精确到秒，如下图所示：

Column	Data Type
TIME_OF_DAY	TIME(3)
HOUR_NO	INTEGER(4)
HOUR_CAPTION	VARCHAR(5)
AM_OR_PM	VARGRAPHIC(25)
TIME_OF_DAY_TEXT	VARCHAR(50)

要约

该要约的事实表记录了日期和时间提出的报价数量，如下图所示：

Column	Data Type
CAMPAIGN_ID	INTEGER(4)
CHANNEL_ID	INTEGER(4)
LOG_DATETIME	TIMESTAMP(10)
LOG_DATE	DATE(4)
LOG_TIME	TIME(3)
OFFER_COUNT	INTEGER(4)

报价反馈

该报价反馈事实表记录了按类型、日期和时间收到回复的数量，如下图所示：

Column	Data Type
CAMPAIGN_ID	INTEGER(4)
CHANNEL_ID	INTEGER(4)
RESPONSE_TYPE_ID	INTEGER(4)
LOG_DATETIME	TIMESTAMP(10)
LOG_DATE	DATE(4)
LOG_TIME	TIME(3)
OFFER_COUNT	INTEGER(4)

OFFER_TARGET_MONTH

该 OFFER_TARGET_MONTH 事实表中包含的纪录是特定的年份中，按月份购买建议的数量，它需要在安装期间就装入软件中。

通常在 OFFER_TARGET_MONTH 表中，每一行的十二分之一就是同年在 OFFER_TARGET_YEAR 中的建议，但该值可以被覆盖。如下图所示：

Column	Data Type
PURCHASE_YEAR	INTEGER(4)
PURCHASE_MONTH	INTEGER(4)
RECOMMENDATION_COUNT	INTEGER(4)

OFFER_TARGET_YEAR

该 OFFER_TARGET_YEAR 事实表中包含了今年购买建议的数量，如果需要的话，在安装期间要将它装入软件中。如下图所示：

Column	Data Type
PURCHASE_YEAR	INTEGER(4)
RECOMMENDATION_COUNT	INTEGER(4)

RESPONSE_TYPE

该 RESPONSE_TYPE 主数据表中包含响应类型的要约的范围，如下图所示：

Column	Data Type
RESPONSE_TYPE_ID	INTEGER(4)
LANGUAGE_ID	INTEGER(4)
RESPONSE_TYPE_CD	VARGRAPHIC(50)
RESPONSE_TYPE_NAME	VARGRAPHIC(200)

IBM 企业营销管理中配置日志记录

如果用户使用 IBM 企业营销管理作为推荐发生器，并且使用 IBM 预测性客户智能使用报表，用户必须配置用于不同类别的事件日志记录。

关于此任务

沟通渠道可配置 IBM 企业营销管理。配置部分包括设置不同类别的事件的记录。获取优惠的默认类别必须登录为接受和拒绝。如果有用户定义的类别为接受和拒绝，他们还必须设置日志为接受或拒绝。

步骤：

1. 以管理员身份登录到 IBM 广告活动管理中心控制台。
2. 选择广告活动，然后选择互动渠道。
3. 选择并编辑每个互动渠道：
（1）单击事件标签；
（2）选择事件获取优惠，接受或拒绝要约的任何其他用户定义的事件；
（3）选择登录要约的，验收记录和日志拒绝。

填充企业营销管理中的预测性客户智能数据库

如果用户使用的是 IBM 企业营销管理的推荐发生器，则 IBM 预测性客户智能使用报表的数据来自用于提供记录的系统表。

IBM SPSS Collaboration and Deployment 配置日志记录

如果用户使用的是 IBM 分析决策管理的推荐发生器，且正在使用 IBM 预测性客户智能使用报表，那么用户不能得到广告活动、渠道、客户的提供或 IBM SPSS 数据库表的反馈，而必须从另一个应用程序获得该信息，然后作为输入来决定模型是否可用于记录。

在 SPSS 中配置事件日志

用户可以将 SPSS 中的日志记录配置为属性级别。考虑以下几点：

① 该通道必须输入字段到模型，必须设立记录。
② 该广告活动必须输入字段到模型，必须设立记录。
③ 由仪表板所需，诸如广告活动的任何其他尺寸，必须输入和记录模型的

输出。

通过使用 IBM SPSS Deployment Manager 配置评分模型，用户可以选择记录任何输入或输出领域。客户数据决定什么可用于记录。

例如，对于电信示例中，选择记录以下字段：
. CALL_CENTER_RESPONSE
. DIRECT_MAIL_RESPONSE
. EMAIL_RESPONSE
. SMS_RESPONSE
. CURRENT_OFFER

选择以下型号输出：
. Campaign
. Offer
. Output-PredictedProfit
. Output-MaxOffersNum
. Output-MinProfit
. Output-ProbToRespond
. Output-Revenue
. Output-Cost

欲了解更多信息，请参阅 IBM SPSS 部署管理器用户指南（http://www-01.ibm.com/support/knowledgecenter/SS69YH_6.0.0/com.spss.mgmt.content.help/model_management/thick/idh_dlg_scoring_configuration_logging.html）。

从 IBM SPSS 中填充预测性客户智能数据库

如果用户使用的是 IBM 分析决策管理作为 IBM 预测性客户智能使用报表的推荐发生器，那么可以在日志表中找到只给出报价的数量。

在 IBM SPSS 中，存在用于信道、响应的类型，且没有提供专用系统表。自定义数据库表必须被用于信道、响应的类型和提供。

下表显示了数据与 IBM 预测性客户智能数据库之间的映射，以及 IBM SPSS 数据库表，如下图所示：

Predictive Customer Intelligence Column	SPSS Column	Filters
CAMPAIGN_ID	Sequentially generated number	These are distinct rows because Campaigns do not repeat.
CAMPAIGN_CD	I.INPUT_VALUE	H.CONFIGURATION_NAME = 'name of model';
		I.INPUT_NAME = 'campaign cd';
CAMPAIGN_NAME	I.INPUT_VALUE	H.CONFIGURATION_NAME = 'name of model';
		I.INPUT_NAME = 'campaign name';

数据库属性的名字替换引号中的过滤器。

SPSS 视图：
SPSSSCORE_V_LOG_HEADER AS H
Join
SPSSSCORE_V_LOG_INPUT AS I on H.SERIAL = I.SERIAL

如下图所示：

Predictive Customer Intelligence Column	SPSS Column	Filters
CHANNEL_ID	Sequentially generated number	Distinct rows so channels do not repeat
CHANNEL_CD	I.INPUT_VALUE	H.CONFIGURATION_NAME = 'name of model';
		I.INPUT_NAME = 'channel cd';

对于映射到从 IBM SPSS 用于预测性客户智能的 CHANNEL 表，映射到 IBM SPSS 中的自定义数据库表，如下图所示：

Predictive Customer Intelligence Column	SPSS Column	Filters
CHANNEL_NAME	I.INPUT_VALUE	H.CONFIGURATION_NAME = 'name of model';
		I.INPUT_NAME = 'channel name';

数据库属性的名字替换引号中的过滤器。

SPSS 视图：
SPSSSCORE_V_LOG_HEADER AS H
Join
SPSSSCORE_V_LOG_INPUT AS I on H.SERIAL = I.SERIAL

对于预测性客户智能要约的表映射到预测性客户智能的 OFFER_MADE 表，映射到 IBM SPSS 中的自定义数据库表，如下图所示：

Predictive Customer Intelligence Column	SPSS Column	Filters
CHANNEL_ID *	I.INPUT_VALUE	H.CONFIGURATION_NAME = 'name of model';
		I.INPUT_NAME = 'channel cd';
CAMPAIGN_ID *	I.INPUT_VALUE	H.CONFIGURATION_NAME = 'name of model';
		I.INPUT_NAME = 'campaign cd';
OFFER_COUNT	Count (distinct H.STAMP)	H.CONFIGURATION_NAME = 'name of model';
		I.INPUT_NAME = 'channel cd';
LOG_DATETIME	H.STAMP	H.CONFIGURATION_NAME = 'name of model';
		I.INPUT_NAME = 'channel cd';

预测性客户智能标有 * 的列包含转换是从查找 ID 到 CD。数据库属性的名字替换引号中的过滤器。

SPSS 视图：

SPSSSCORE_V_LOG_HEADER AS h
join SPSSSCORE_V_LOG_OUTPUT on h.SERIAL = o.SERIAL
left outer join dbo.SPSSSCORE_V_LOG_INPUT li
on h.SERIAL = li.serial

预测性客户智能报价反馈表，如下图所示：

Predictive Customer Intelligence Column
CHANNEL_ID
CAMPAIGN_ID
RESPONSE_ID

Predictive Customer Intelligence Column
OFFER_COUNT
LOG_DATETIME

用户不能得到来自 IBM 分析决策管理的反馈。客户响应、客户反馈必须从渠道应用，通过使用自定义代码加载。

对于预测性客户智能 RESPONSE_TYPE 表映射到 IBM SPSS 自定义数据库表，如下图所示：

Predictive Customer Intelligence Column	SPSS Column	Filters
RESPONSE_TYPE_ID	Sequentially generated number	Distinct rows so Response Types do not repeat
RESPONSE_TYPE_CD	I.INPUT_VALUE	H.CONFIGURATION_NAME = 'name of model';
		I.INPUT_NAME = 'response type cd';
RESPONSE_TYPE_NAME	I.INPUT_VALUE	H.CONFIGURATION_NAME = 'name of model';
		I.INPUT_NAME = 'response type name';

IBM SPSS 视图：

SPSSSCORE_V_LOG_HEADER AS H
join SPSSSCORE_V_LOG_INPUT AS I on H.SERIAL = I.SERIAL

附录 B 故障排除问题

故障排除是指用一种系统的方法来解决问题。排除故障的目的是确定为什么不如预期，以及解决问题的东西为何不起作用。

查看下表来帮助用户或客户支持解决一个问题。

故障排除操作和说明

操作	介绍
一个产品修复可能适用解决用户的问题	适用于所有已知的修订包、服务水平或程序临时性修改（PTF）
从 IBM 支持门户网站选择产品，然后输入错误信息代码到搜索框支持查找错误信息（http://www.ibm.com/support/entry/portal/）	错误信息能反映出重要的信息，以帮助用户确定导致问题的组件
重现该问题，以确保它不只是一个简单的错误	如果示例可用于产品，用户可以尝试使用示例数据来重现问题
确保成功地完成安装	安装位置必须包含适当的文件结构和文件的权限
查看所有相关文件，包括发行说明、技术说明和证明行之有效的做法的文档	搜索 IBM Knowledge Center，以确定用户的问题是否已知，或者查看问题是否已经解决和记录
查看计算环境中的最新变化	有时，安装新软件可能会导致兼容性问题

如果表中的项目并没有引导用户成功解决问题，则可能需要收集诊断数据，作为 IBM 技术支持的代表，以协助用户有效地解决问题为己任。用户还可以收集诊断数据，并自己分析这个数据是否是必要的。

故障排除资源

故障排除资源是信息的来源，可以帮助用户解决在使用 IBM 产品时出现的问题。

支持门户

IBM 支持门户是所有 IBM 系统、软件和服务的所有技术支持工具和信息的统一的集中视图。

通过 IBM 支持门户，用户可以访问所有 IBM 支持资源地点，订制页面专用信息和资源。如果用户想要更快地解决问题，可以通过观看演示视频熟悉 IBM 支持门户，其网址为：

https://www.ibm.com/blogs/SPNA/entry/the_ibm_support_portal_videos。

从 IBM 支持门户网站找到用户需要选择的产品内容，其网址为：

http://www.ibm.com/support/entry/portal。

连接 IBM 支持之前，用户需要收集诊断数据（系统信息、症状、日志文件、跟踪等）所需要解决的一个问题。收集这些信息将有助于故障排除过程，帮助用户熟悉并节省用户的时间。

服务需求

服务需求也被称为问题管理报告（PMRs），有多种方法提交诊断信息和 IBM 软件技术支持。

需要打开一个 PMR 或者"与技术支持"，以交换信息，请查看"与技术支持"页面中的 IBM 软件支持交换信息。

修复中心

修复中心可以为系统的软件、硬件和操作系统安装补丁和更新。

使用下拉菜单导航到在修订修复中心的产品修复（http://www.ibm.com/systems/support/fixes/en/fixcentral/help/getstarted.html）。用户可能还需要查看修复中心的帮助。

IBM developerWorks

IBM developerWorks 提供具体的技术环境中经过验证的技术信息。

IBM 红皮书

IBM 红皮书的开发由 IBM 国际技术支持组织——ITSO 出版。

IBM 红皮书（http://www.redbooks.ibm.com）

提供有关安装、配置和解决方案实施等主题的深入指导。

软件支持和 RSS 源

IBM 软件支持 RSS 源是用于监测加入网站的新内容的快速、简单、轻便的格式。

用户下载一个 RSS 阅读器或浏览器插件后，可以订阅 IBM 的产品资讯（https://www.ibm.com/software/support/rss）。

日志文件

日志文件可以帮助用户通过记录用户在使用产品时所发生的活动，解决问题。

错误信息

问题的第一个迹象往往是报出错误信息。通过错误信息，可以确定问题产生的原因，因而错误信息是有帮助的信息。

附录 C 术语解释

(1) 客户关系管理系统（CRM）：是利用信息科学技术，实现市场营销、销售、服务等活动自动化，使企业能更高效地为客户提供满意、周到的服务，以提高客户满意度、忠诚度为目的的一种管理经营方式。

(2) 企业营销管理系统（EMM）：企业移动管理是企业在移动信息化运营过程中，可以借助的重要的管理平台，以完成对企业应用的部署、管控。

(3) 应用程序编程接口（API）：一些预先定义的函数，目的是提供应用程序与开发人员基于某软件或硬件得以访问一组例程的能力，且无需访问源码或理解内部工作机制的细节。

(4) IBM 商业智能：通过在内部或在云端部署企业平台，帮助企业获得敏捷性，更快地实现发展，并取得成功。

(5) 客户流失：现代公司通过计算一位客户一生能为公司带来多少销售额和利润来衡量客户价值。

(6) 客户流失率：指客户的流失数量与全部消费产品或服务客户的数量的比例。它是客户流失的定量表述，是判断客户流失的主要指标，直接反映了企业经营与管理的现状。

(7) 客户细分：企业在明确的战略业务模式和特定的市场中，根据客户的属性、行为、需求、偏好以及价值等因素对客户进行分类，并提供有针对性的产品、服务和销售模式。客户细分按照客户的外在属性分层。通常这种分层最简单直观，数据也很容易得到。

(8) 业务规则（BR）：与业务相关的操作规范、管理章程、规章制度、行业标准等。

(9) 市场购物篮分析模型：用来识别当前客户在未来可能的收购。

(10) 客户终身价值（Customer Lifetime Value）：又称客户生涯价值，指每个购买者在未来可能为企业带来的收益总和。

(11) 数据流：使用 IBM SPSS Modeler 进行数据挖掘时，一系列数据节点的运行过程。

(12) 净推荐值（Net Promoter Score）：又称净促进者得分、口碑，是计量某个客户将会向其他人推荐某个企业或服务可能性的指数。它是最流行的客户忠诚度分析指标，专注于客户口碑如何影响企业成长。通过密切跟踪净推荐值，企业可以让自己更加成功。

（13）CHAID 分析：一种敏感而直观的细分方法。它根据细分基础变量与因变量之间的关系，先将受访者分成几组，然后每组再分成几组。因变量通常是一些关键指标，如使用水平、购买意向等。

（14）决策树（Decision Tree）：在已知各种情况发生概率的基础上，通过构成决策树来求取净现值的期望值大于等于零的概率，评价项目风险，判断其可行性的决策分析方法，是直观运用概率分析的一种图解法。

（15）回归分析（Regression Analysis）：确定两种或两种以上变量间相互依赖的定量关系的一种统计分析方法。

（16）客户满意度 CSR（Consumer Satisfactional Research）：也叫客户满意指数，是对服务性行业的客户满意度调查系统的简称，是一个相对的概念，是客户期望值与客户体验的匹配程度。换言之，就是客户通过对一种产品可感知的效果与其期望值相比较后得出的指数。

（17）自动数据准备（Automatic Data Processing）：美国自动数据处理公司定期发布的就业人数数据，在美国属于比较权威的数据。

（18）呼叫中心：充分利用现代通信与计算机技术，如 IVR（交互式语音 800 呼叫中心流程应答系统）、ACD（自动呼叫分配系统）等，可以自动灵活地处理大量各种不同的电话呼入和呼出业务和服务的运营操作场所。

（19）价格敏感度（Price-Sensitive）：表示为客户需求弹性函数，即由于价格变动引起的产品需求量的变化。

（20）网站分析（Web Analytics）：一种对网站访客行为的研究。在商务应用背景下，网站分析指从某网站搜集来的资料的使用，以决定网站布局是否符合商业目标。例如，哪个登录页面（Landing Page）比较容易刺激客户的购买欲。

（21）生产线：产品生产过程所经过的路线，即从原料进入生产现场开始，经过加工、运送、装配、检验等一系列生产线活动所构成的路线。

（22）K 均值聚类算法：先随机选取 K 个对象作为初始的聚类中心，然后计算每个对象与各个种子聚类中心之间的距离，把每个对象分配给距离它最近的聚类中心。聚类中心以及分配给它们的对象就代表一个聚类。一旦全部对象都被分配了，每个聚类的聚类中心会根据聚类中现有的对象被重新计算。这个过程将不断重复直到满足某个终止条件。终止条件可以是没有（或最小数目）对象被重新分配给不同的聚类，没有（或最小数目）聚类中心再发生变化，误差平方和局部最小。

（23）聚类分析：将物理或抽象对象的集合分组为由类似的对象组成的多个类的分析过程。它是一种重要的人类行为。

（24）Apriori 算法：一种挖掘关联规则的频繁项集算法，其核心思想是通过候选集生成和情节的向下封闭检测两个阶段来挖掘频繁项集。而且算法已经被广泛地应用到商业、网络安全等各个领域。

（25）贝叶斯分类算法：统计学的一种分类方法，它是一类利用概率统计知识进行分类的算法。

（26）可扩展标记语言（XML）：标准通用标记语言的子集，是一种用于标记电子文件并使其具有结构性的标记语言。

（27）XQuery：等于 XML Query，是 W3C 所制定的一套标准，用来从类 XML（标准通用标记语言的子集）文档中提取信息，类 XML 文档，可以理解成一切符合 XML 数据模型和接口的实体，他们可能是文件或 RDBMS。

（28）URI（Uniform Resource Identifier）：在电脑术语中，被称为统一资源标识符，是一个用于标识某一互联网资源名称的字符串。该种标识允许用户对任何（包括本地和互联网）资源通过特定的协议进行交互操作。

（29）主数据（MD Master Data）：指系统间共享数据（例如客户、供应商、账户和组织部门相关数据）。

（30）阈值：又叫临界值，指一个效应能够产生的最低值或最高值。

（31）文本分析法：从文本的表层深入到文本的深层，从而发现那些不能为普通阅读所把握的深层意义。

（32）贝叶斯网络：一种概率网络，它是基于概率推理的图形化网络，而贝叶斯公式则是这个概率网络的基础。贝叶斯网络是基于概率推理的数学模型。所谓概率推理就是通过一些变量的信息来获取其他的概率信息的过程，基于概率推理的贝叶斯网络（Bayesian Network）是为了解决不定性和不完整性问题而提出的，它对于解决由复杂设备的不确定性和关联性引起的故障有很大的优势，在多个领域中获得广泛应用。

（33）交叉销售：借助 CRM（客户关系管理）发现客户的多种需求，并通过满足其需求而销售多种相关服务或产品的一种新兴营销方式。

（34）向上销售：也称为增量销售，根据既有客户过去的消费喜好，提供更高价值的产品或服务，刺激客户做更多的消费。如向客户销售某一特定产品或服务的升级品、附加品或者其他用以加强其原有功能或者用途的产品或服务。这里的特定产品或者服务必须具有可延展性，追加的销售标的与原产品或者服务相关甚至相同，有补充、加强或者升级的作用。例如汽车销售公司向老客户销售新款车型，促使老客户对汽车更新换代。

（35）PMML：全称预言模型标记语言（Predictive Model Markup Language），利用 XML 描述和存储数据挖掘模型，是一个已经被 W3C 所接受的标准。MML 是一种基于 XML 的语言，用来定义语言模型。

（36）门户站（Portal）：又称为网络门户，是一个汉语词汇，原意是指正门、房屋的出入口，现多用于互联网的门户网站，指集成了多样化内容服务的 Web 站点。

（37）元数据（Metadata）：又称中介数据、中继数据，是描述数据的数据（data about data），主要是描述数据属性（Property）的信息，用来支持如指示存储位置、历史数据、资源查找、文件记录等功能。

（38）CPF（引导文件）：Cognos 的 Framework Manager 生成的引导文件，引用定义工程的相关 xml 和 xsd 文件。

（39）交叉表（Cross Tabulations）：一种常用的分类汇总表格。

附录 D 资料来源

(1) DB2 & Data Studio：简介与使用说明，使用 IBM Data Studio 管理数据库的最佳实践，例如，对一个表的数据进行导出操作，在多分区数据库上的分区组上创建表空间。

http://www.ibm.com/developerworks/cn/data/library/techarticle/dm-1209neir/index.html

(2) SPSS Modeler：简介和使用说明，数据挖掘产品 IBM SPSS Modeler 新手使用入门指导，详细介绍其基本操作，通过典型的数据挖掘算法介绍使用 SPSS Modeler 进行数据挖掘的基本流程，以及 SPSS Modeler 强大的自动建模功能，了解如何使用 Modeler 去应用已有的数据挖掘知识进行建模，也可使用自动建模功能产生专业的预测模型。

http://www.ibm.com/developerworks/cn/data/library/techarticle/dm-1103liuzp/

(3) Cognos：简介和使用说明，比如安装、制作第一张交互式离线报表。

http://www.ibm.com/developerworks/cn/views/data/libraryview.jsp?search_by=%E4%BD%93%E9%AA%8C%E9%AD%85%E5%8A%9B+Cognos+BI+10+%E7%B3%BB%E5%88%97

(4) 预测性客户分析大数据时代背景。

http://www.ibm.com/support/knowledgecenter/search/%E9%A2%84%E6%B5%8B%E6%80%A7%E5%AE%A2%E6%88%B7%E5%88%86%E6%9E%90%E7%9A%84%E5%A4%A7%E6%95%B0%E6%8D%AE%E6%97%B6%E4%BB%A3

(5) 从 IBM AnalyticsZone 下载 IBM 预测客户情报使用情况报告。

http://www.ibm.com/analyticszone

(6) 从 IBM AnalyticsZone 下载行业加速器。

http://www.ibm.com/analyticszone

(7) 有关连接到数据源方面的其他信息和疑难解答提示，请参阅 SPSS Modeler 文档。

http://www.ibm.com/support/knowledgecenter/SS3RA7_16.0.0

(8) 培训预测模型：必须定期用新的数据集对模型进行再次培训，以调整改变行为模式。有关使用 IBM SPSS Modeler 的信息，请参阅 IBM SPSS Modeler 帮助。

http://www.ibm.com/support/knowledgecenter/SS3RA7_16.0.0/com.ibm.spss.modeler.help/clementine/entities/clem_family_overview.htm?lang=en

（9）评分模型，有关详细信息，请参阅 IBM SPSS 协作和部署服务部署管理器用户指南。

http://www.ibm.com/support/knowledgecenter/SS69YH_6.0.0/com.spss.mgmt.content.help/model_management/thick/scoring_configuration_overview.html

（10）创建业务规则，更多的信息，请参阅 IBM 分析决策管理应用程序用户指南。

http://www.ibm.com/support/knowledgecenter/SS6A3P_8.0.0/com.ibm.spss.dm.userguide.doc/configurableapps/dms_define_rules.htm

（11）部署应用程序，有关详细信息，请参阅 IBM SPSS 协作和部署服务。

http://www.ibm.com/support/knowledgecenter/SS69YH_6.0.0/com.spss.mgmt.content.help/model_management/_entities/whatsnew_overview_thick.html?cp=SS69YH_6.0.0%2F5

（12）疑难解答资源

①门户网站

通过查看演示视频熟悉 IBM 支持门户网站。

https://www.ibm.com/blogs/SPNA/entry/the_ibm_support_portal_videos

找到所需内容，需要从 IBM 支持门户网站中选择用户的产品。

http://www.ibm.com/support/entry/portal

②服务请求

若要打开 PMR 或"与技术支持交换信息"，通过技术支持页面查看 IBM 软件支持交换信息。

http://www.ibm.com/software/support/exchangeinfo.html

③解决中心

使用下拉式菜单导航到用户的产品修补程序修复中心。

http://www.ibm.com/systems/support/fixes/en/fixcentral/help/getstarted.html

④IBM 专区

作为故障排除的资源，专区提供最流行的做法，包括视频和其他信息。

http://www.ibm.com/developerworks

⑤IBM 红皮书

提供有关安装和配置以及解决方案的实施等方面的深入指导。

http://www.redbooks.ibm.com

⑥软件支持和 RSS 源

下载 RSS 阅读器或浏览器插件之后，可以在 IBM 软件支持 RSS 源订阅 IBM 产品源。

https://www.ibm.com/software/support/rss

（13）行业加速器报告，更多的信息，请参阅 IBM Cognos 报告工作室用户指南。

http://www.ibm.com/support/knowledgecenter/SSEP7J_10.2.1/com.ibm.swg.ba.cognos.ug_cr_rptstd.10.2.1.doc/c_rs_introduction.html

（14）可以通过使用框架管理器修改报告的元数据。更多的信息，请参阅 IBM Cognos 框架管理器用户指南。

http://www.ibm.com/support/knowledgecenter/SSEP7J_10.2.1/com.ibm.swg.ba.cognos.ug_fm.10.2.1.doc/c_ug_fm_introduction.html%23ug_fm_Introduction

（15）修改数据模型，有关修改或创建框架管理器模型的信息，请参阅 IBM Cognos 框架管理器用户指南，也可以在 IBM 知识中心搜寻。

http://www.ibm.com/support/knowledgecenter/SSEP7J_10.2.1/com.ibm.swg.ba.cognos.cbi.doc/welcome.html

（16）模型的数据源，有关这些数据源的功能的详细信息，请参阅 IBM SPSS Modeler 帮助。

http://www.ibm.com/support/knowledgecenter/SS3RA7_16.0.0/com.ibm.spss.modeler.help/clementine/entities/clem_family_overview.htm

（17）配置 IBM SPSS 流。更多的信息，请参阅 IBM SPSS Modeler 帮助。

http://www-01.ibm.com/support/knowledgecenter/SS3RA7_16.0.0/com.ibm.spss.modeler.help/clementine/buildingstreams_container.htm?lang=en

添加配置的流到 IBM 协作和部署服务的存储库文件，并配置得分服务。更多的信息，请参阅 IBM SPSS 协作和部署服务用户指南。

http://www01.ibm.com/support/knowledgecenter/SS69YH_6.0.0/com.spss.mgmt.content.help/model_management/thick/scoring_configuration_overview.html?lang=en

（18）Cognos 报告工作室是报表设计和创作工具。报告作者可以使用报告工作室创建、编辑和分发范围广泛的专业报告。更多的信息，请参阅 IBM Cognos 报告工作室用户指南。

http://www.ibm.com/support/knowledgecenter/SSEP7J_10.2.1/com.ibm.swg.ba.cognos.ug_cr_rptstd.10.2.1.doc/c_rs_introduction.html

（19）有关如何使用报告工作室的详细信息，请参阅 IBM Cognos 报告工作室用户指南，可以从 IBM 知识中心获得本用户指南。

http://www.ibm.com/support/knowledgecenter/SSEP7J_10.2.1/com.ibm.swg.ba.cognos.ug_cr_rptstd.10.2.1.doc/c_rs_introduction.html